与我们内心的冲突和解

夏仰◎著

中国法制出版社
CHINA LEGAL PUBLISHING HOUSE

目录

第一章

自我认识：认识内心的冲突

1 没有原因的抵触

在生活中，你有没有过这样的体验：当你第一次见到某个人或者某类人的时候就觉得讨厌，也就是所谓的“不合眼缘”，哪怕对方什么都没做，别人问起你，你也说不出所以然来，唯一能确定的就是自己确实不喜欢对方。

林仪最近认识了一位比自己年长几岁的姐姐许晓，许晓为人热情，处处照顾林仪。林仪心里很清楚这位姐姐对自己不错，可是她身上总有一种挥之不去的熟悉感让林仪不自觉地和她拉开距离。这份疏远许晓看在眼里，难免有些受伤，两人渐行渐远。某天，林仪和朋友聊起这件事，朋友听完之后又看了几张许晓的照片，说：“你不觉得她的长相和说话方式和以前给你使绊子的那个人很像吗？”她这才恍然大悟，也许真的因为这种相似，自己对许晓始终有种不好的感觉，但她依然很抵触去修复和许晓的关系。

我想每个人多多少少有过类似的时刻，也许是对擦肩而过的陌生人，也许是对某个人的照片，即便在完全不了解对方的情况下，我们也会大致得出“看着面善”“看着有点凶”“不像好人”之类的结论。这种近似直觉的推论是怎么来的呢？根据奥地利心理学家、精神分析学派创始人弗洛伊德的冰山理论，内心世界可以比喻为一座冰山，我们能够察觉到的是露出水面的部分，称之为意识，隐藏在水下不易察觉的部分是潜意识，水下的部分对水上的部分影响深远，起到决定性作用。

意识：能够被觉知的心理活动过程。例如，林仪不喜欢许晓，所以和她保持距离。这是意识层面的表现。

前意识：已发生但尚未进入意识层面的心理活动过程，是潜意识与意识的中间环节。例如，虽然林仪不知道为什么不喜欢许晓，但她可以确定自己不喜欢对方，所以和她保持距离。这是由前意识进入意识的过程。

潜意识：被压抑而难以觉知的心理活动过程。例如，林仪不自觉地和许晓保持距离，但她不知道自己为什么这么做，推动她远离对方的原因属于潜意识的范畴。

林仪对许晓的抵触，和我们在完全没有接触过的前提下仅通过外表对陌生人有大致评价一样，都是源于潜意识。

赵越平时对分析大案的文章很感兴趣，经常会上网搜集相关资料，在看文章的过程中也看到了很多罪犯的照片，在他看来，多数重案犯的眼神都流露出一种凶狠、冰冷的感觉。某天，他和几位朋友去喝酒，坐在隔壁桌的陌生男人偶尔会看向他这边。陌生男人的眼神稍显凶狠，让赵越觉得很不舒服，他也不知道为什么会出现这种突如其来的直觉式反应，只知道自己很想远离那个男人的视线范围，最后他拉着朋友去了另外一间酒吧喝酒。

尽管林仪和赵越都是在潜意识的推动下做出相应行为的，但两者并不完全一致。林仪的情况属于曾经的不良经历带来的负面情绪体验被压抑在潜意识之中，当她遇到的人和过去给她带来不良体验的人外貌相似时，下意识远离对方是出于避免负面情绪体验再次出现的自我防御。赵越平时看到过很多罪犯的照片，那种凶狠、冰冷的眼神已经深入他的潜意识之中，当他在现实生活中遇到有同样眼神的人，就会下意识地认为那是危险信号。不难看出，潜意识囊括了我们的本能、后天经历、心理印记等，能够在我们尚未察觉的时候就做出反应，甚至在事情未发生之前就能感知一部分，也就是俗称的“第六感”，这种觉知并不是凭空而来的，而是细节的变化勾起了深藏于潜意识之中的记忆。除此之外，潜意识的内容常常会在梦境中显现。

齐楚曾经因为生病在ICU住过一段时间，除了冰冷的机器和忙碌的医护人员之外无法见到至亲，这种感觉让她很难受。康复出院后，她经常会梦到自己在医院里迷路了，怎么走都走不出去。后来她的爸爸生病了，需要短暂住院几天，齐楚每次去探望的时候都会觉得呼吸不畅，但只要走出医院就恢复正常了，这种感觉让她不太舒服。此后，她下意识地回避关于医院的一切。

显然，曾经住院的经历对齐楚造成了很大的情绪困扰，但她把这种情绪压抑在潜意识的层面，被压抑住的东西并不会消失，于是它在齐楚的梦境和躯体反应中显现出来。我们每个人都有一些被藏在潜意识深处的经历和记忆，其中的不良经历和记忆如果一直被压抑，总有一天会被某件事引爆，这也是为什么我们常常会见到“他明明很好啊，怎么因为这点儿小事就这样了”的例子，外人只能看到最后一根稻草，而最初的导火索也许在很久之前就埋下了。我们该怎么做，才能让深藏于潜意识之中的不良情绪有一个出口呢？最好的办法当然是向专业的心理咨询师寻求帮助，除此之外，还可以自助。

（1）找一个安静的房间，打开录音设备，对着它讲讲你为什么抵触某人某事，想到哪儿讲到哪儿。

（2）回放录音，你会发现其中包含一些你从未意识到的话语。

（3）进行回溯，反问自己为什么会说出这样的话。

（4）找到说出这些话的原因，也就找到了动机。

（5）动机的产生意味着存在需求，当你的需求被看见的时候，就是疗愈的开始。

完成这5个步骤，潜意识会逐渐意识化，当你再遇到类似的人和事的时候就会知道自己为什么心生抵触。只要你意识到其背后的动机和需求，自然就明白这种抵触是来自偏见还是对方真的如此让人讨厌，相应地，在处理同类情况的时候你也会客观很多。毕竟，对外界的人、事、物产生情绪反应的时候，哪怕我们认为没有原因，背后也必然有一个暂时无法被察觉的原因。了解动机，才能理解行为。

2 如何摆脱标签的限制

我是谁？这是哲学终极三问的其中一问。

“我是儿女，我是伴侣，我是父母”，这是你扮演的一个角色；“我是医生，我是警察，我是商人”，这是你的职业。这些都只是标签而已。曾有人说过：“人只有在洗澡的时候是最真实的，一旦穿上衣服，就开始演戏。”有一类人是很喜欢给自己加标签的，他们不在乎这个标签的内容，只在乎够不够特别。在一档节目中，有位嘉宾说自己想去西藏，因为在那里可以洗涤心灵。而主持人说：“你那颗心如果很肮脏，去哪儿都没用。去一趟丽江就不想工作了，去一趟西藏就要出家，我觉得有这样的心灵的人，不宜出门，就在家上上网，挺好的。”主持人言辞颇为犀利，却也道出了一种真实存在的现象。今天流行去西藏，他们就去西藏；明天流行冥想，他们就去报班；后天流行嘻哈，他们就梳脏辫。当这阵风刮过，他们就把它抛于脑后，开始寻找下一个流行风尚。这样的人总是在追逐，内心却宛如浮萍，无论他们看起来有多强大，内心都是虚弱的，没有一个足以支撑起自身精神世界的支点。

从某种程度上来说，我们的行为表现、情感观念多多少少会受到外界的影响，相应地，我们也会根据不同的标签来进行适度的演绎，这是心理学中的罗森塔尔效应，也被称为皮格马利翁效应。美国心理学家罗森塔尔曾在一所小学做过这样一个实验，他向校长索取了一份名单，从中随机抽取几个名字后对校长说："虽然这几个孩子目前表现平平，但他们是全校最有天赋的学生。"后来的考试中，这批学生也真的考了高分。罗森塔尔认为，这是因为老师们根据名单对这几个学生产生了正面期待，在教学中无论语言还是行为都在不断地传递这样的信号，学生自然而然会被激励，从而变得更加积极向上，最终成绩提高。正如希腊神话中的塞浦路斯国王皮格马利翁将全部的精力和热情灌注到雕像中，爱神最终被打动，把雕像变成有生命的个体。

平日里文文静静的小奇很喜欢唱歌，但因为他的声音很像女声，总被其他男同学奚落，渐渐地，他不再唱歌。升入高中以后，他换了一所学校，来到全新的环境，音乐老师很喜欢他的音色，常常鼓励他，夸他是天生就应该唱歌的人。被老师、同学多次鼓励之后，小奇站上了学校文艺会演的舞台，并考进音乐学院，一步一步走向更大的舞台。

显然，当我们对一个人传递积极的期望时，会让他变得更好。但同样的标签在不同人身上所起到的效果是不同的，都是被贴上好人标签，有些人慢慢变成了真的好人，他享受做好人的感觉，有些人却越发痛苦，他们不知道是因为自己是个好人，还是因为别人认为自己是个好人，要满足别人的期待，所以必须去做一些他并不想做的事情。这正是被外人附加在自己身上的标签困住了。当一个人的很多行为都是为了满足他人的期待而产生的时候，他也就离真我越来越远了。像头被拴在磨盘上的骡子，不停地走，永无止境，等到有一天走累了，他们会开始思考，我到底是为什么而活。

赵嘉向来与人为善，常常把别人的事当成自己的事去对待。朋友经济窘迫的时候，他二话不说就转了一笔钱过去；朋友心情不好的时候，他陪对方聊到天亮。正因为这样，每当身边的朋友遇到解决不了的事情时总会找他，可是这样一来很影响他的工作和生活。于是，他开始拒绝，朋友们觉得他变了，有些人甚至开始疏远他。

很多人往往被贴上标签就不敢撕掉，怕的就是撕掉标签之后将要面对的是不理解和攻击，索性躲在标签背后。时间越长，内心的冲突越大，在标签里画地为牢。比如，有些人歌唱得很好，有些人五音不全，在五音不全的人群当中，有麦霸，也有因为自己唱得不好不敢开口的人。他们给自己贴了个标签，叫“我不会唱歌”，他们也从内心深处认同了这个标签，于是从不开口唱歌。和积极的期望一样，当我们像一个人传递消极的期望时，也会对其造成影响。一些人可能会自暴自弃，放弃努力，无论向他们传递这种期望的是本人还是其他人。

行为主义学派有一种疗法叫作阳性强化法，是通过正强化的方式及时鼓励目标行为，对于与目标行为背道而驰的行为则采取“视而不见”的处理方式。根据行为主义的观点，无论是人还是动物的行为都是在后天被不断强化的过程中习得的，换言之，来自外界的正强化或负强化都可以在不同程度上影响我们的行为。在日常生活中，我们也可以用这种方法一点点撕掉自己身上那些“你不行”“你做不到”的标签。

（1）克服内心的恐惧和惯性踏出第一步，去做那些自认为做不到的事情。

（2）无论做成与否，对“勇于开始”这个举动进行奖励，具体奖励内容根据自身情况决定。

（3）经过以上两个步骤之后，再做同样的事情时，恐惧感会减弱很多。

（4）当做成这件事后，除了及时奖励自己，更重要的是根据事情的结果让自己相信“我是可以的”。

因为给自己贴上否定式标签的人往往对自身存在认知偏差，觉得自己不行，重复以上步骤，经过一次次事实验证自己“可以”之后，新观念会逐渐替代旧观念。

如果乔布斯没有去尝试，也许到现在我们的手机还是小屏幕和很多按键的搭配，当其他手机生产商还在原地打转的时候，他已经跳出了人们对手机的固有认知，才有了苹果手机。无论是企业还是人，一旦被标签牢牢困住，就意味着被限制住。外人贴的标签也好，自己贴的标签也罢，总会拉着我们往不同的方向走，只有把这些通通去掉之后，我们才能找到回归本心的路，看清楚自己到底是谁。“我是谁”这个问题的答案源于你认为自己是谁，而想要正确认识自己，需要足够了解自己，足够理性客观地去看待自己的优缺点，而不是别人说你是谁你就是谁。当你不再被各种各样的标签限制的时候，你会发现你更勇于去尝试很多以前不敢做的事情，你的内心也比从前更强大，越来越信任自己，不再那么在意别人的看法。慢慢地，你会找到最适合自己的方向并为之努力，那时别人怎么看待你已经没那么重要了，而事实是别人也并不会看轻一个活出自我的人。

了解自己，爱自己，做自己。

3 如何摘下面具

“人设”这个词越来越流行，明星、企业家有人设再寻常不过。可是，不知道从什么时候开始，涌现出了一批指导如何发朋友圈的文章，似乎朋友圈也可以成为每个人的人设。朋友圈固然是一个展现自己的平台，能够让新朋友更快速地了解你，但是一些原本喜欢分享生活点滴的人，在潜移默化中刻意发布一些自己并不喜欢的内容在朋友圈里，更有甚者，拿别人的照片来冒充自己的，意图展现一种更为光鲜亮丽的生活。这些行为换来的赞赏和艳羡会让人不自觉地想要去完善人设，可是一时的精神愉悦过后，取而代之的是内心强烈的不安感。

哪怕别人不知道，自己心里也明白，这一切都是假的。这种伪装式的自我，多是源于对自身的不满，也就是没办法和自己和平共处。

小张从小就在指责声中长大，父母对他的要求很高，能不能做个完美的孩子决定了爸妈对他的态度，稍有差错就会被痛骂。常年不被父母认可的小张长大之后对外界十分敏感，总是会在心里揣测别人的想法，也总认为别人一定会因为很小的失误指责他，终日小心翼翼。

其实，小张是由于被父母指责过多，在这种外来观点的长期慢性“催眠”下，也就逐渐认同了父母的看法，发自内心地认为自己一无是处，放弃抵抗，陷入习得性无助的状态。在美国心理学家塞利格曼用狗进行实验，提出“习得性无助”这一概念之后，来自世界各地的心理学家在此基础上继续进行实验。其中，来自美国费城的柏希教授将老鼠放入设有警示灯和安全门的区域内，通过反复刺激，使老鼠将警示灯和电击联系起来，能够意识到警示灯亮起意味着可怕的事情即将发生。因此，每当警示灯亮起时，老鼠就会跑到安全区以躲避电击的痛苦，多次实验后，柏希教授关了安全门，警示灯亮起之后，老鼠无处可逃，只能被迫接受电击，频繁刺激以后，即便安全门打开，老鼠也不再逃跑。换到人类身上，如果某件事长期以来都让你觉得无法解决也无法逃离，就会逐渐形成习得性无助。造成习得性无助的主要因素有以下3个。

（1）某件事、某种环境让你不断地体验到挫败感和无力感，这是一种长期、连续的过程。

（2）长期的负面情绪体验让人无法对该事物做出正确的评价，进而形成固有认知。

（3）在错误认知的引导下形成错误归因，越陷越深。

但即便是在习得性无助状态下的人，依然会采用防御机制来应对，如小张这种情况，有些人会变得怯弱，在所有场合最大限度地弱化自己的存在感，而另外一些人心里隐藏着愤怒，越愤怒越想获得认可，于是无所不用其极地去证明自己。证明自己有很多种方式，提升能力、发展事业都是很好的办法。但是，很多人既不肯接纳真正的自己，也不愿接受现状，便不自觉地走上了伪装的道路。这层在外人眼里没有必要的面具，对于他们来说，却是保护自己的安全屋。失去这层面具，就像是强迫他们赤身裸体地站立在人群中一样，假想的尴尬和不安封存了他们的内心，别人进不去，他们也出不来。一个人每天在现实生活和虚构生活之中循环，不安、焦虑和恐惧的情绪会成为他的主人，支配着他去抓住幻影，推动着他去把虚拟的人设立住，越陷越深，无法自拔。付出大量心力去维持的虚假人设就像一栋危楼，随时都有坍塌的可能，人设坍塌带来的后果是信用破产，遭人鄙夷。可是，后果越是严重就越让人害怕，不敢轻易摘下面具。

长此以往，内心的冲突逐渐扩大，直到再也无法承受的那天，必然会面临一个选择，是维持人设还是接纳自我?

面对自己需要勇气，摘下面具更需要勇气，但只要开始拆除自己搭建的内心牢笼，就永远不算晚，因此，不妨按照以下方法进行尝试:

非常依赖人设的人，往往无法面对自己的内心，第一步也是最重要的一步，就是鼓起勇气去观察内心世界。因为长期回避，日积月累的负面感受已经深入潜意识层面，在尝试触及内心的过程中产生的很多让人不适的情绪和体验会让你觉得真实的自我很糟糕，但不要被它打败。分辨内心世界里哪些特质是自己喜欢的，哪些是自己回避的，哪些是自己厌恶的，并用抽丝剥茧的方式来找出原因。那些让你厌恶和想回避的特质恰好是阻碍你用真实自我面对生活的拦路虎，静下来想一想为什么会这样，也就是寻找“原因背后的原因”。也许最初的导火索是很小的一件事，但对当时的你影响很大。完成以上过程之后，就到了最重要的一步——接纳自我。所谓接纳自我，就是接受自己的一切，接纳自己的所有特质，而不是排斥它，就像手指长短不一，也正因为这样，我们的手才灵活。当然，这不是一蹴而就的事情，可以从日常做起：

（1）以日为单位，记录每天顺利完成的事情，哪怕只是看完了几页书。

（2）学会感谢能够完成这些事情的自己。

（3）提高了对自己的认可度之后，可以尝试一些从前想做却没有勇气去做的事情。

（4）在反复的尝试过程中，收获来自外界赞许的同时及时给自己正面反馈，以进行正强化。身边环境的良性反馈和健康的心态是相辅相成的，缺一不可。

接纳了自己才能把接收外界信息的正确路径重新修通，渐渐地你会发现自己和以前相比，变得更自信了，心态的转变会让你看到很多曾经忽略的来自外界的善意和热情。也许你会发现并不是别人不喜欢你，而是从前的你总是和这个世界保持距离。克服了内心的恐惧之后，再回头看，原来曾经的自己只是被假想敌困住了，事实并没有想象中的那么可怕，内心的冲突也随之瓦解。跟自己和解，才能与这个世界和解。

4 像爱别人一样爱自己

在你身边，有没有这样的一类人：他们各方面都很优秀，在旁人眼里近乎完美，却总觉得自己很糟糕。起初你以为他们不过是在自谦，后来才发现他们是真的觉得自己很不好。这样的人，无时无刻不在自我批评。他们在宽容别人的时候忘了自己。如果你见到陌生人被欺负，你会觉得他活该吗？如果你的朋友不小心在你面前出糗，你会觉得他蠢吗？如果你的家人在事业上做出错误的判断，你会恨他吗？这三个问题，大多数人的答案是不会。可当同样的事情发生在自己身上时，许多人却会毫不留情地谴责自己，像对待敌人一样对待自己。

我遇到的一位老师曾经是某高风险性精神病院的精神科医师，他和我说过这样一个案例：有一个女人患有精神障碍，会出现幻视、幻听的症状。每天从睁开眼的那一刻起，她就会看到三个自己在不停地骂她，内容无非是你怎么这么差劲之类的，这种每时每刻的辱骂持续到她睡着为止，日复一日。想象一下，这样的生活多么让人崩溃。很多人心里也有这样一个自己，每天像个严厉的监工站在心里，随时准备着跳出来骂自己两句。

对这些人来说，让他们回溯为什么会苛责自己是一件很难的事，这让他们感到恐惧。受过往经历影响，他们形成了一种错误认知——我必须毫无缺点，别人才会喜欢我。这种完美主义让他们无限放大自身的缺点，这限制了他们的视角，让他们看不到自己的优点，哪怕他们已经做到令人羡慕，也会觉得“那是因为别人不了解我，如果这些人了解了真正的我，就会离我而去”。在处理亲密关系的时候，他们往往会出于自我防御抢先一步伪装成那个“糟糕”的恋人，“作”、闹、脾气大，用表面的攻击来掩盖对自己的不信任。等到对方离开了，会再次加深这种认识：你看，我说得没错吧，你不会真的爱上我。就像陈奕迅的《打回原形》里唱的一样：“如果我露出了真身，可会被抱紧，惊破坏气氛，谁都不知我心底有多暗，如本性是这么低等，怎跟你相衬。”在他们心里，自己一无是处。

最近，李潇喜欢上一个男人，在她眼里，对方富有教养，事业成功，处处与人为善。可这个男人却觉得他自己很糟糕，总能在自己身上挑出各种毛病，即使那在旁人眼里真的不算什么。

都说要先爱自己才能够爱别人，确实如此。如果你口袋里只有1块钱，别人问你要5块，你只能给对方仅有的那1块，别人也许还会觉得你这人真小气，才5块钱都不肯给。对很多习惯于自我批评的人来说，这是他们常会遇见的情况，说这话的可能是他们的家人、爱人或者朋友。他们总是认为只有自己不快乐，其他人看起来总是很开心，只有自己有一堆毛病，别人看起来有无数的闪光点。他们看到的是真的，但是，他们忽略了那只是“看起来”。大家都是人，你会有的烦恼，别人一点儿也不会少，不然也不会有“家家有本难念的经”这种说法了。既然自己和别人并没有什么区别，就更没必要过度苛责自己，在别人眼里的你，也有光芒。尝试去接纳自己，就像你不会计较别人的小缺点那样。一些人习惯性地把别人看得太重，把自己看得太轻，可是别人再重要，也只是陪你走一程而已，只有你会始终陪伴自己，从出生直到死亡。

每当你的大脑里冒出自我批评的想法时，不妨用“苏格拉底式询问”和自己对话。古希腊哲学家苏格拉底在传道、授业、解惑的过程中，选用讨论的方式和学生交谈，通过反复指出问题，引导学生得出答案。这种方式也被称为产婆术，经过多年发展，“苏格拉底式询问”被引入心理学领域的理性情绪疗法之中，这种疗法是由美国心理学家艾利斯在“情绪ABC理论”的基础之上优化而来的。“情绪ABC理论”中的“ABC”分别代指：

A：activating event，刺激事件。

B：belief，信念。

C：consequence，后果。

在“情绪ABC理论”中，刺激事件发生，在非理性的信念之下引发消极情绪，非理性信念在两者之间起到桥梁的作用。非理性信念包含以下三种特征：一、绝对化要求；二、过分概括；三、糟糕至极。

简单来说就是以一种绝对化的眼光看待事物，以偏概全，因此对结果十分悲观。

艾利斯提出的理性情绪疗法则包含了“ABCDE”：

A：activating event，刺激事件。

B：belief，信念。

C：consequence，后果。

D：disputing irrational beliefs，对非理性信念进行辩论。

E：effect，治疗效果。

“苏格拉底式询问”是理性情绪疗法中最常用的技术，通过对非理性信念的辩论，引导来访者意识到原有信念的不妥之处，再用合理信念取而代之，减少原有的困扰，使来访者恢复积极的情绪。如果你习惯自我批评，可以参考如下方式对自己进行“苏格拉底式询问”：

A：我认为我一无是处。

B：这个想法是对的吗？有什么证据证明它是对的？

A：很多事情我都做不好。

B：做不好完全是因为我吗？这个逻辑是正确的吗？

A：好像不完全是。

B：不完全是也就是这个逻辑是错的，那我到底是怎样的人？

A：我不知道。

B：我有哪些优点？

A：我的优点是……

B：我有很多优点，那是不是能够证明我是一个值得被爱、被尊重的人？

A：是的。

运用“苏格拉底式询问”这项技术来推翻不合理信念、建立合理信念以调整对自身的认知，自然不会陷入盲目指责自己的境地。当你真正接纳了自己时，你会发现，你不再因为别人的指责而患得患失。这时，你有能力给予自己足够的爱和安全感，这种安全感会让你客观地评估自己的优缺点，不再害怕以“真面目”示人，和从前的躲躲闪闪相比，现在的你就像歌里唱的那样：“若你喜欢怪人，其实我很美。”

学会关心自己，才能真正地关心别人。学会爱，才能给予爱。

5 如何面对创伤事件

出身小康家庭的刘枚从小备受父母宠爱，成长过程顺风顺水，从名牌大学毕业后成为单位的笔杆子，工作做得很不错。偶然一次采访中，她认识了一个初中就辍学外出打工的男人，在她看来，这个男人虽然没什么文化，但会说话，肯吃苦，两个人渐渐走到了一起。婚后不久，刘枚就和丈夫回到他的家乡共同创业，眼看着日子越过越好，她的丈夫却开始对她家暴，每次家暴之后，丈夫都会祈求她原谅，但她的心软换来的却是越来越严重和频繁的家暴。刘枚决定离婚，独自带着孩子前往陌生的城市。此后的一年，虽然远离了前夫，她依然会做噩梦，在外面看到和前夫相似的人也会心跳加速，她的状态越来越差，甚至无法工作，出现抑郁状态。

刘枚可能在常年遭受家暴后罹患创伤后应激障碍（PTSD）。生活中遭遇的创伤性事件带来的压力和恐惧如果在大脑回路中建立起联结超过一个月，就可能导致创伤后应激障碍。创伤后应激障碍被分为急性和慢性，急性创伤后应激障碍通常在创伤事件发生后3个月内发病，慢性创伤后应激障碍则在6个月内发病，少数会在6个月后发病。

创伤后应激障碍主要包含以下症状：

（1）创伤再体验。出现闪回。在意识清醒的时候，会经常出现和创伤相关的闯入性回忆，睡着了也会常做噩梦，在看到类似场景或接触相似的人的时候会出现心跳加速、呼吸短促等惊恐发作的表现。

（2）警觉性增高。主要表现为容易受到惊吓，易激惹。

（3）回避或麻木。患者会刻意回避和创伤经历相关的场景、人、事，如一个人在某天夜晚回家途中被袭击，身受重伤，此后极力回避走夜路，严重者会出现选择性遗忘，无法回忆和创伤相关的细节。

经历了严重家暴的刘枚始终无法走出伤痛的泥沼，而同样被家暴的李欣欣却很快走了出来。

不堪忍受家暴的李欣欣在婚后半年就提出离婚，投奔闺密，因此在情绪最低落的时候始终有人陪伴。闺密拉着她到处吃喝玩乐，带着她健身，陪她去找心理咨询师，李欣欣心情不好的时候，闺密也总是充当最好的倾听者。李欣欣慢慢振作起来投入新生活，找到了更好的工作，也认识了很好的新男友。

除了朋友的陪伴、专业的帮助这两个关键因素之外，遭遇同一类型创伤事件时，有的人患上创伤后应激障碍，有的人却很快复原，我们的基因在其中发挥了一定的作用。根据中国科学院心理研究所曾发表于《加拿大精神病学杂志》（*The Canadian Journal of Psychiatry*）的一篇文章，心理健康重点工作室工作组在对1140名地震幸存者（成人）进行检验后发现FKBP5（FK-506结合蛋白）基因与相关创伤具有明显的交互作用，FKBP5基因能够调节糖皮质激素受体的敏感性，进而影响下丘脑—

垂体—肾上腺轴体的活性。而个体在经历创伤事件之后会表现出不同程度的创伤后应激障碍—抑郁症状共存模式，有的以创伤后应激障碍症状为主，有的呈现出来的症状则更偏向于抑郁，这种共病模式和FKBP5基因具有高相关性。这意味着个体在经历创伤事件后，是否罹患创伤后应激障碍有不小的概率是和基因有关。与此同时，也和大脑的差异有关。根据神经解剖学家帕佩兹提出的“帕佩兹环路”，大脑新皮层的神经活动传入海马，再由丘脑皮层放射至扣带回，最后回到海马。后来的神经解剖学家又在该学说的基础上强调了杏仁核的重要性。

海马：是大脑中负责记忆、空间定位的重要区域。

杏仁核：负责情绪功能，尤其是恐惧情绪，当患者想起或者体验和创伤相关的场景时，杏仁核会因为血流变化变得十分活跃。

前扣带回：属于内侧前额叶的一部分，当该区域受到损伤时，个体的亲社会行为会显著减少。

这也是患有创伤后应激障碍的人会出现警觉性增高、记忆力受损甚至出现攻击性行为的原因，而那些不容易患创伤后应激障碍的人大脑前额叶更为活跃，前扣带回和海马之间的联系也更牢固。

创伤后应激障碍几乎不可能自我康复，如果你因为创伤事件觉得很困扰，超过一个月，且这种情绪对你的生活造成严重影响，请及时就医。目前心理咨询中针对该病症最主流的疗法是认知行为疗法（CBT），是由美国心理学家贝克首创，旨在帮助来访者梳理自身的信息加工系统，重新定义事件。当我们对一件事情的认知改变了，对其的情绪反应也会发生变化，就像我们认为某个人很坏的时候，内心会很抵触他，如果因为一些原因发现这个人是好人，抵触的情绪也就会消失。除了做咨询，我们还能做什么进行调节呢？

（1）谨遵医嘱，平时可以多阅读和创伤后应激障碍相关的书籍或者文献，了解相关原理，做到心里有底，相应的恐慌情绪也会减少。

（2）合理分配时间，建立健康的生活模式，除了饮食要保证营养充足外，每天进行适量运动，对身体和情绪都有益。

（3）多和能够让你情绪变得积极的人来往。

（4）当感到情绪低落的时候，可以选择和朋友聊天、运动、绘画这类健康的方式进行排解，而不是沉溺于烟酒、药物等，这些物品在短暂缓解情绪之后会增加焦虑，或者让情绪更低落。

创伤是一时的，但它带来的影响也许会持续终生，我们能做的是让这种影响尽可能地减少，一朝被蛇咬，无须十年怕井绳。

6 群体性社会偏见

“在某些特定的情况之下，而且只能在那些特定情况之下，一个群体表现出与这个群体中的个人所具有的完全不同的全新特点。那这个群体里面的所有人的情感和想法都指向了同一个方向，他们那些有意识的个性消失了，一个集体的思维形成了。毫无疑问，它是暂时的，但是，它却非常清晰地呈现了确切的特点。这个集体走入了一种状态，在没有更好的表达方式的情况下，我会称它为有组织的群体，或是用一种被认为是更合适的称谓，一个心理群体。它构成了一个单独的物质存在，并且受群体一致法则的约束。”这段话出自已故法国社会心理学家、群体心理学创始人古斯塔夫·勒庞所著的《乌合之众》。

我们每个人都处于不同的群体之中，可以按职业划分，如医生、老师、律师等。也可以按身份划分，如商人、学者、艺术家之类。在群体之中，我们会受到某种程度的约束，出于职业伦理的要求，老师在上课的时候通常不穿短至膝盖之上的裙子，心理咨询师不可以和来访者有双重关系，等等。而更多的约束是隐形的。在社会开明程度越高的国家和地区，人们对不同群体形成的刻板印象越少。例如，医生或者警察有大片文身在英国很常见，而每年6月12日伦敦会举行的世界裸体自行车日，目的在于宣传环保骑行，以抗议人类对燃油的依赖和因此造成的环境污染。在这一天，很多来自各行各业、各个年龄层的人会加入骑行队伍，不同群体融合成了一个大群体。

心理学家杰勒德提出了一个术语“规范性社会影响”，意指以自己期望为别人所喜欢、接纳和认可作为基础的社会影响。其结果是导致人们对群体规范的依从，以避免自己为群体所拒绝。为了被群体接纳，人们常常有意无意地接受群体的影响，在行动上依从群体，希望自己在群体中的地位得到提高的人尤为如此。这种隐形的群体规范更多是来自人们对某一群体的刻板印象，也就是人们对某个事物形成一种概括、固定的看法，并把这种看法推而广之，认为这类事物都具有该特征，而忽视个体差异。这是一种社会知觉，又被称为社会认识，也就是我们对他人、群体以及自己的认知。偶尔，我们听到家长在训斥孩子不认真学习的时候，会说“你现在不好好学习，长大以后只能扫大街”，在这些人的眼中，一些职业群体似乎天然低人一等，导致这种现象的原因主要是人们吸收外界信息并进行整合的过程中受首因效应、近因效应和社会刻板效应影响。

首因效应：最早由美国心理学家洛钦斯提出，该效应是指在社会认知的过程中，个体呈现出的以第一印象

“先入为主”的态度。尽管首因效应容易失之偏颇，却往往奠定了社会知觉的基础。例如，A在生活中接触的从事某职业的人几乎都是低学历，便认为该职业低人一等。

近因效应：最早由心理学家卢钦斯提出，近因效应是随着时间推移，在首因效应的基础上受新的信息、刺激物的影响对原有印象的修正。例如，B原本对从事该职业的人并无偏见，在遇到几次对方的低素质行为之后，认同从事该职业的人不值得尊重。

社会刻板效应：社会刻板效应可以是因为个体直接接触该群体或个人形成固有印象，也可以是未经直接接触但通过间接信息形成刻板印象。相对而言，后者更常见。例如，C从未直接接触从事该职业的人，但通过他人口述及社会新闻形成了对该职业的负面印象。

刻板印象的正面意义在于让人可以简化认知过程，迅速得出结论，而负面影响也因此产生，这种抬高或贬低某一群体的行为是社会心理学中的群际偏见，这种偏见会给被贬低的群体带来一定程度的心理影响，如从事某类工作的人在偏见的压力之下逐渐认同这种看法，引发自证预言，又如女司机开车技术不行这种群体性偏见，可能会引发女性群体的不自信，对这个群体形成不良影响。这种群体意识的影响之所以这么大，是因为人人都有社会同一性，这是一种对自我的反映，如果说个人同一性代表着“我是谁”，角色同一性代表着“我是做什么的”，那么社会同一性代表的就是“我们是谁”。人有着天然的亲和需求，势必寻找某个与自己相匹配的群体，融入群体之后会形成一种优越感，某种程度上具有排他性。

想要减少群体性社会偏见，首先要做的是消除刻板印象，即使从事某些职业的人确实普遍存在受教育程度较低的情况，但并不代表他们就一无所长。

1926年2月1日，有个法国移民后裔在美国出生了，她的名字叫薇薇安·迈尔。在她83年的人生中，有过半的时光辗转于不同的家庭之间，以保姆这个职业为生。40多年的时间里，每到休息日她就会带着她的禄来双反相机游走街头，用相机把街道上转瞬即逝的画面记录下来。她热爱摄影，无师自通，拍下了无数的照片，却从未把它们冲洗出来，保姆之外的另一重身份在很长的一段时间内都是只属于她的秘密。薇薇安·迈尔直到离世前两年，才被一位历史学家发掘，也因此她的摄影作品才得以广泛传播。通过各类媒体的报道，她的故事终于为世人所知。在她死后一年，她的作品在芝加哥现代艺术中心展出。四年后，一部关于她的纪录片在美国各大影院上映。“她是一个孤独的人，死时没有孩子、家庭和爱情，她用她的相机，让穷人发声。她研究许多生活在社会边缘的人，她的影像显示出，她看到真理在她身边。”这是她身后获得的赞誉，终其一生，她只是一个普通的保姆，可与此同时，她也是一位艺术大师。

当我们遇到一个人，哪怕他看起来平平无奇，普通得不能再普通，也别急着下定义，毕竟“三人行，必有我师焉”，在规范之内探寻最大的自由是一种生活智慧。

第二章

自我成长：认识内心的力量

1 如何摆脱假性独立

不知道从什么时候开始，在很多父母的眼里，只要孩子大学毕业了，就应该把他结婚的计划提上日程。为了催孩子结婚，他们通常会软硬兼施。如果只是被骂，很多人其实没那么在意，听着就好，可是最怕的就是父母说软话。

“担心你的婚姻问题，我整晚整晚睡不着。”

“你结婚了，妈以后也能放心走了。”

“你看隔壁老张家的孩子都生二胎了，你还不结婚，让我们怎么抬得起头做人。”

父母催婚的原因各有不同，有的是觉得别人家孩子都结婚了，自己家孩子却还单身，没面子。有的则是把所有注意力放在了孩子身上，催孩子结婚变成了他们唯一的生活目标，催完大儿子又开始催小女儿。可是，他们那些话语会让孩子充满负罪感，似乎不听他们的就是不孝，由此陷入心理挣扎之中。于是有些人选择回避，有些人选择屈服，心里却始终不舒服，总有种无形的压力。

前段时间我和一个朋友吃饭，他今年30岁，刚结婚不久。用他的话来说，他之所以结婚是因为被逼得没办法了。父母的催促让他觉得赶紧成家是唯一的办法。

这样的例子在生活中还有很多很多，有的人把婚姻选择权交给父母是源于自身经济上的不独立，他们的经济来源被父母控制在手里，选结婚对象最重要的是父母喜欢，这是不得已而为之。还有一类人是在我们生活中最常见的，相信在你身边总能数出几个这样的人，他们从不出格，很好地贯彻了“什么年龄就做什么事”的道理，身边人陆陆续续结婚了，他们也开始觉得自己应该结婚，因为年龄到了。人到中年，盯着孩子学习，不允许孩子早恋，等到孩子大学毕业了，开始安排相亲、催婚。他们的人生是一个循环。

我们都知道，一旦选择了一条少有人走的路，势必面临很大的压力，而走一条大多数人走的路会更有安全感。越容易从众的人，本身的性格就越容易受他人的暗示，进而影响自己的行为。从某方面来说，他们从未认真聆听过自己内心的声音，缺乏独立思考的能力，混淆了人格面具和自己真实的内心。人格面具是瑞士心理学家荣格提出的概念，是个人适应社会、寻求社会认同的必要手段。人格面具就像京剧舞台上的“生旦净末丑”，红脸、黑脸、蓝脸等分别代表着不同的人物性格，观众只需通过脸谱就可以分辨角色的善恶。人格面具也是我们对外展示的人格特征，通常以集体价值观为基准，具有从众的特质和趋同性。

当然，并不是每个人都是在被逼迫的前提下进入“围城”的，原生家庭父母感情和睦的孩子往往向往婚姻。原生家庭不幸福的则分为两种情况，一种是排斥婚姻，另外一种是由于缺爱，迫不及待地想找个人来爱自己，给自己一个家，因为太想要，往往陷入“别人给你一颗糖，你就跟着走”的境地。最后促使他们走进婚姻殿堂的未必是内心的选择，只是刚好遇到这个人，幸福与否全凭命运安排。

人格不独立的人很难掌握人生的方向。相对而言，能够理性分析自身现状再做出选择的人，比盲目屈从于催婚压力的人心智更成熟，精神更独立。但是有这样一群人，他们让自己看起来非常强大，谁都不需要，然而内心极其孤独。这被称作假性独立。假性独立是防御机制的一种，而防御机制是我们调整内在和外部冲突的手段，采用假性独立的方式来保护自己的人往往具有以下特征：

（1）渴望依赖他人的同时又不敢麻烦别人。

（2）为了回避羞耻感习惯性拒绝来自外界的帮助，总是独自解决问题。

（3）面对来自他人的关心常常会手足无措。

（4）不习惯表达自己的负面情绪也不愿意承认脆弱的一面。

（5）因为缺乏安全感，对另一半有较强的控制欲。

弗洛伊德在19世纪末提出性心理发展阶段说，把人格的发展分为五个阶段，分别是口唇期（0—1.5岁）、肛门期（1.5—3岁）、性器期（3—6岁）、潜伏期（6—11岁）、生殖期（11—13岁开始）。按照精神分析学派的观点，一个人形成假性独立有两种可能：其一是儿童在口唇期时，需求经常得不到抚养者的关注和满足，成年以后处理关系的模式会延续这种依恋模式，继而形成假性独立，对外总是一副“我不需要依赖任何人”的样子。其二则是当儿童处于性器期，在家庭中感受到父母双方或其中一方不可靠时，这种“不靠谱”的父母的形象会逐渐内化，从而在成年以后认为其他人也是不可依靠的。

但是，我们每个人活在世上，不可能彻底脱离他人或者环境，早在60年前，心理学家就做了一个极端脱离外物的实验。心理学家为被试戴上半透明的护目镜，限制他的视觉，再用调节器影响他的听觉，又固定被试的四肢，并给他戴上手套等，之后心理学家退出实验室。

仅仅几个小时之后，被试就越来越恐惧，焦躁不安，随着时间的流逝甚至产生幻觉。

由此可见，假设我们强迫自己“不需要”，反而会对我们造成心理创伤。凡事过犹不及，想要成为一个精神独立的人，能够平衡他人的期待和自身的需求本就是一个缓慢的成长过程。如果想破解假性独立，不妨尝试以下步骤：

（1）放下那个想象出来的“我不需要任何人”的形象。

（2）在明明需要帮助却又因为羞耻感而止步的时候，提醒自己寻求帮助是很正常的行为。

（3）不要抗拒来自他人的善意，在真正接纳了外界的关心后，安全感会得到提高，再向你认为安全的人表达自己的无助和脆弱。

（4）学会说出“我需要”。

很多时候，只要坦然面对真实的自己，聆听内心深处的声音，你就会找到答案。

2 突破社交焦虑的限制

当众演讲、去一个没有熟悉的人的聚会、陌生人直视着你向你走来……阅读这行字时联想到的场景会不会让你有心跳加速的感觉？如果答案是“会”，那么你有可能存在一定程度的社交焦虑。

社交焦虑是一种和人交往的过程中会觉得紧张、恐惧的情绪体验。诚然，很多人去到陌生人众多的场合时或多或少会有些紧张，但是对有社交焦虑的人而言，即使是一般的社交场合也会让他们有很大的心理压力，甚至在约定日期前数天或数周就开始紧张，即便他们知道这种感受有点杞人忧天，依然无能为力。

赵欢从小就是一个很害羞的孩子，因为性格不够活泼，小朋友们经常不叫她一起玩，她只好远远看着，性格越来越内向。逢年过节走亲戚的时候，她也羞于开口叫人，父母很不满，每次总是用力推一下她的背，她在低着头问好之后，总会被数落几句。赵欢越长大越不知道怎么和陌生人来往，大学毕业后，干脆找了一份不需要和人面对面打交道的工作。

不难看出，赵欢找这种不需要和人面对面打交道的工作是在回避社交，这也是有社交焦虑的人常采用的方式，虽然这样做能够让自己处于比较舒服的状态，但会强化社交焦虑，进而更加无法与人交往。归根结底，这种情况的出现是受成长过程中在社交方面受到的挫折以及其后的应对方式导致的自卑心态所影响，通常包含以下几种情形：

（1）和基因有关，如果直系亲属当中有人患有社交焦虑障碍，个体罹患社交焦虑障碍的概率比其他人高。

（2）成长经历方面，个体在儿童时期或者青春期被同龄人欺负或者孤立，并且没有得到有效的帮助和鼓励。

（3）在社交方面经历过重大打击。

个体在人生早期受挫，没有得到必要的社会支持（父母、朋友的鼓励）从而担心自己再犯错，导致社交技能没有得到充分的训练，因为社交技能的匮乏进一步逃避社交，也更担心自己会犯错，最后每况愈下。在外人看来，只要社交焦虑的人突破其中一环，就能够有很大的进步，但对他们本人来说，已经习惯了这种循环，在错误信念的引导下很难回到正轨。这种错误信念可以分为对他人的错误信念和对自己的错误信念。

对他人的错误信念：事情还没发生，存在社交焦虑的人就会进行场景假设，想象最糟糕的情况，带着这种心态进入社交场合，他对在场所有人的一言一行都会分外敏感，别人一个眼神都会让他联想到“我是不是有什么没做好”，从而导致过分紧张，对正常社交造成障碍。

对自己的错误信念：有社交焦虑的人在进行社交活动的时候，内心会有一个拿着放大镜观察自己言行举止的“考官”，当他察觉到自己哪个小细节没做好的时候，就会认为别人一定也注意到了，并且会因为这个纰漏对自己有负面看法。

张垒平日里总是独来独往，从来不在公司食堂吃饭，每次都是打包好拿回办公室吃，只要有人进来，他就马上放下筷子。他总觉得如果在别人面前吃东西，对方一定会盯着每个细节看，哪怕只是吃得急了一点点，看到的人也肯定会在心里嘲笑他。这种想法让张垒的心理压力很大，越发不敢在人前吃饭。

其实，这种想法有一定的臆想成分，因为自己这样认为，所以觉得别人也是这样想的，这是心理学中的投射效应。曾经有一位心理学家招募了一批被试，让化妆师在他们脸上化了疤痕特效妆，化好之后被试照镜子。随后，心理学家收走镜子，让化妆师进行定妆，但实际上是卸掉了特效妆。不知情的被试听从心理学家的安排分散到街头，时间到了之后再回到实验室，他们纷纷认为其间路人投来的目光并不友善，而且有很多人盯着自己脸上的疤看。这时，心理学家再次让他们照镜子，看着自己干净的脸庞，他们不再认为路人的反应是恶意的。社交焦虑的人也存在这种高度自我关注的情况，正因为过于关注自己，才会变得过分敏感，随着时间的推移，严重的社交焦虑障碍也会引起惊恐障碍、抑郁等。那么，要想突破社交焦虑带来的限制，应该怎么做呢？

（1）练习冥想，学会用腹式呼吸的方法让自己放松。

（2）当进入社交场合导致的焦虑引发心跳加速、手心出汗、呼吸急促等情况时，不必刻意压制它们，试着接受它们的存在，等你适应了周围的环境，它们自然会消失。

（3）尝试辨别是哪些想法让你感到焦虑，找到它们让你焦虑的原因。例如，你不小心把勺子掉到地上了，你觉得它发出的声响会让其他人投来目光，觉得你很笨拙。

（4）论证这种想法是否过分夸大事实。假设是其他人不小心把勺子掉到地上，你会觉得他很可笑吗？你觉得把东西掉到地上这种事情常见吗？你对它的看法是什么？

（5）学会表达情绪。有社交焦虑的人往往会有很多情绪，以至于对自己形成困扰，同时又不懂得把这种情绪说出来。不妨尝试向他人表达自己的真实情绪，不论是正向还是负向的情绪。当你的情绪得到接纳时，紧张就会有所缓解。

如果以上步骤依然不能减轻你的焦虑情绪，请向专业的心理咨询师求助。在心理咨询与治疗中，针对社交焦虑较常用的方法是系统脱敏疗法和精神分析。系统脱敏疗法是从练习肌肉放松开始，进而想象社交场景，进行肌肉放松；想象在社交场所附近徘徊，再进行肌肉放松；循序渐进，一步步适应。而精神分析是寻找自己的过去，回溯最早一次对社交感到紧张是什么时候，在那之前发生了什么让你感到紧张，找到之后，运用想象和当时的自己进行对话，接纳“他”的负向情绪，告诉“他”这只是一个偶然事件，没什么大不了。

对社交感到焦虑是人之常情，如果你认为社交焦虑让你寸步难行，其实也不是毫无解决办法，仍然可以通过自助或寻求他人帮助进行改善。

3 潜能的开发

天赋，俗称“老天爷赏饭吃”。这个词总是被形容得玄之又玄，仿佛是一种被写进基因里的东西。很多名人确实属于天赋异禀的类型，莫扎特、达·芬奇、顾城等，都是在很小的时候就在某方面显示出了异于常人的优势。从事自己喜欢的职业，似乎是只属于拥有天赋的幸运儿的礼物，其实不然。每个人都有自己的天赋，只是有多少、是哪方面的天赋则因人而异。

一个人最容易被发现在哪方面有天赋的时期是他的童年阶段，这个阶段是人一生中好奇心最旺盛的时期，只需要看这个孩子主动去选择什么，就能够知道他对什么有着天然的兴趣。都是学弹钢琴，有些孩子每天练几个小时琴都不会觉得累，这也是天赋的一种表现，喜欢才愿意去学，而另外一些孩子坐都坐不住。有不少人小时候学了几样才艺，长大之后却都荒废了，能否坚持下来，在很大程度上取决于他对于学习这项技能是否真的有兴趣。对成年人来说，找到自己的兴趣所在很简单，问自己两个问题就好。

第一个问题：工作之余我最想做的是什么？

第二个问题：如果现在我的银行账户里有满足所有开销的金额，除了花钱，什么事是我最想做的？

两个问题的最终答案里重叠的部分，就是你的兴趣所在。无论是喜欢音乐、绘画、写作、健身还是打游戏，想要精通，都需要付出很多，才能换取一点点进步。比如唱歌这件事，有些人学着学着会觉得很枯燥，很累，这对于他们来说是一种困难，所以他们放弃了。有些人选择继续坚持也很努力，可是不管怎么练还是五音不全。这两种情况都代表他们的天赋不在这方面。这时候，多开发一些别的兴趣更有利于发掘自己的天赋，找到最适合自己的事情。其实，我们喜欢做什么是和自身的人格特质相匹配的。1909年，美国波士顿大学教授帕森斯在他的著作《选择一个职业》中首次提出“每种人格模式都有和它相匹配的职业模式”。50年后，美国心理学家霍兰德提出了“职业兴趣理论”，他将人格分为以下六种类型：

现实型：做事勤恳认真，但不擅长社交。

研究型：思考能力强，肯钻研。

艺术型：相较其他类型更理想化，创造力强。

社会型：性格外向，喜爱社交，热衷于与他人对话。

企业型：以金钱为标准，目的性强，风险偏好高。

常规型：更喜欢由他人给自己布置任务，不爱做主，行事保守。

根据霍兰德的理论，人如果从事和自己人格类型相匹配的职业，在工作时的热情度和积极度都会大幅提升。以销售这个职业为例，社会型的人从事该职业自然如鱼得水，如果把现实型的人放在这样的岗位，他会很吃力，工作效率也会降低。最理想的工作就是“你喜欢的，你擅长的，能够创造价值”这三者的结合体，能够把爱好和事业结合是最幸福的事情之一。人的一生有将近三分之一的时间会花在工作上，如果工作是你热爱的，你会天然保持着一种对工作的期待感，就像乔布斯所说的“要做自己热爱的工作”。每个工作都有每个工作的难点和缺点，足够热爱这个工作会让你不至于把困难当成负担，在工作中充满动力和激情，有足够的毅力去不断突破，即使有时候觉得身体很累，可心里终究是快乐的。但是有人会认为爱好是爱好，事业是事业，如果把两者结合会让人彻底厌恶这个爱好。

出现这种情况代表着这件事并不是他真正热爱的，真正热爱的事是无论能不能赚钱，你都会尽可能挤时间去做，在遇到艰难险阻的时候也仍旧热情不减。

归根结底，寻找自己到底适合做什么的过程是认识自己、认识工作，再把两者合理配对的过程。根据帕森斯的职业选择模式，“认识自己”分为人格特质、价值、兴趣、能力四部分，“认识工作”则分为职业资讯类别、职业分类、特定职业所需的特质三部分，两者结合，最后得出的结果就是理论上最适合你的工作。但是有爱好的人很多，能把爱好和事业结合起来的却很少，根本原因在于能力二字。爱好代表着业余，事业代表着专业，而能力是架在两者之间的桥梁。想要成功地把两者结合，需要付出大量的时间和精力去提高专业能力，在这个过程中，也许有很长一段时间收入会很低，也不容易得到身边人的理解，这种无形的压力很容易击垮一个人的内心。和人格特质匹配的工作会让你在这条路上变得更坚定，因为这份工作能够让你的心理感受保持在最舒适的范围，与此同时，能够心甘情愿去为之付出，并且不被旁人的言语左右。早年，心理学家在实验过程中就发现，即使没有额外奖励，很多动物也会重复某些动作，于是提出了“内在激励”的概念，人类也会因为内心热爱某个工作而自发地设定目标，实现目标的过程中不断得到成就感形成的强大的内在驱动力，会让人在工作上更投入。

每个人都有属于自己的天赋，即便它暂时被掩盖了，也还在你的灵魂里。只是找到它需要你多花一些时间，有时候还需要走上一段弯路，正因为可贵，才需要你费力去寻找。和你的天赋相遇的那天，你会发现自己有无限的潜能等待开发，这是上天给你的礼物。

4 寻找价值：找到你的精神支柱

那天，有个朋友开玩笑和我说：“我也想当富二代，在家里快乐吃喝。”同样是天降横财，怀揣巨款，有些人选择用这笔钱去投资，让钱生钱；有些人选择挥霍，就像大白天手捧珠宝在闹市之中行走的孩子，有无数双眼睛盯着他，打着他手上那堆宝贝的主意。手头的财富挥霍一空后，日子可能过得比之前更差。经不起诱惑的人，精神世界往往很空虚，没有寄托。没有追求的生活会让人失去自我价值感，度日如年却没有动力去改变。当一个人处于这种状态时，极容易沉溺于某样东西以让自己觉得充实，哪怕人人都说那东西不好，可是只有继续沉沦，他才能感觉到自己在活着。这是一种病态心理。

这种空虚感在各个年龄阶段都会出现，如很多人因为家里的老人被各种传销组织骗而苦恼不已。除了对新骗局不了解，老人们被骗更多是因为他们需要被关心的心理需求比年轻人更强烈，一些老人大部分时间无事可做，从而陷入“被抛弃”的情绪里，骗子们恰恰是利用了这点，给了老人看起来如同子女般的关心。那些把自己老年生活安排得很充实的人则不太容易被骗，无论是读老年大学，还是常和朋友组织各种活动，都让他们有精神寄托，对陌生人的刻意逢迎自然没那么渴望。

如果一个人有着稳固的精神支柱，他会活得更有动力，相对来说声色犬马、纸醉金迷的生活方式对他的诱惑便没那么强烈了。有的人认为自己有精神支柱，但其实他们没有，他们的共同点是把某个人当成“精神支柱”，这种情况在恋爱关系中很常见。他们所有的努力和付出都围绕着恋人展开，感情顺利的时候一切都好，一旦那个人退出他的生活，他便从此一蹶不振。

想要解决这个问题，首先要了解“空虚”来自哪里。虽然长期处于空虚状态的人更容易陷入抑郁，低自尊，但是它同时也是一种防御机制。我们常常能看见这样的例子：某个人在经历了重大打击之后，变得消沉起来，身边人以为他只是一时情绪低落，没想到这个人从此一蹶不振，终日饮酒消愁，越来越喜怒不定，对生活不再抱有期待，得过且过。时间长了以后，当事人觉得没有多余的力气再去做什么。这是很典型的用“空虚”来替代自己无法承受的打击。长期处于空虚的生活状态不愿改变的人，往往会经历以下体验：

（1）能够在“空虚”之中获得满足感，就像有些患有心理障碍的人潜意识之中迟迟不愿好起来，是因为可以“因病获益”，沉溺于空虚之中可以得到从前渴望的关注等，这时个体的潜意识会指挥意识，继续这种状态。

（2）因为生活中的一些“求而不得”或者“无法接受的失去”，选择用“空虚”的状态把那些无法接受的负面情绪屏蔽在外。在没有解决根源问题之前，单纯鼓励当事人积极向上往往收效甚微。

想要最大程度地避免自己陷入这种状况，最重要的是提高心理承受力。同样是遭遇打击，有的人一击就垮，有的人却可以一次次站起来，区别在于心理承受力的强弱。

曹雪芹在困苦的环境中披阅十载，增删五次方成《红楼梦》，个中艰辛不言而喻，他的内心必然有某样东西支撑着他前行。一个人有了精神支柱自然而然能够坚持。长期坚持做某件事的人表现出来的是高度自律，这种自律并不是勉强为之，而是有背后的动力在推动着他们，让他们在专注中获得快乐。纪录片《我在故宫修文物》里，那些文物修复师投入大量的时间和精力在一件件文物上，有些老师傅已经退休了又接受返聘，回到故宫带徒弟，让毕生积攒下的手艺得到更好的传承，他们都是精神世界非常强大的人。

我们身边总会有那么几个坚持做某件事的人。例如，那些长年健身的人，不难发现他们不仅身材越来越好，精神面貌也发生了很大改变。健身的过程中一点一滴的进步都会让人有成就感，成就感会让一个人变得更自信，进而提高自我价值感。一个内心空虚的人所欠缺的正是这些。缺乏自信说明这个人的自我价值感很低，受这种心态的影响，他们很容易认为人生看不到希望，遇到困难的时候干脆破罐子破摔。同样，有些名人已经什么都有了，却犯下一些让人大跌眼镜的错误，从某种程度上来说，他们的内心也是空虚的。有些人日进斗金，站在高处享受鲜花和掌声，却陷入一种巨大的虚无感之中，找不到人生的意义。

精神支柱的建立从来都不是一蹴而就的，如果把它比作一栋大厦，你过往的每一天所经历的一切、你的所有阅历都是组成这栋大厦的水泥，你的思考是撑起水泥的钢筋，两者结合，才能筑成大厦。

5 你比想象中有力量

在我们身边，总会有这样的一类人，他们热爱生活，在面对让人开心或难过的事情的时候，他们都不会特别受影响。心静是他们的常态。这样的人，我们可以说他是一个内心强大的人。

怎样才算是真正的内心强大？每个人都可以给出不同的答案。有的人认为内心强大是遇到突发事件的时候不会崩溃，不会不知所措；有的人认为内心强大是无论面对怎样的挫折，都可以坦然处之；还有的人认为内心强大是不活在别人的眼里、嘴里。不难发现，这些观点看起来虽然各有不同，却不约而同地指向了一点，就是不受外物影响，再细分，最核心的是不受情绪的束缚。情绪不受影响，外物也就无法影响这个人了，所谓“不取于相，如如不动”。

有些人对不受情绪影响的理解是“不能脆弱”，在他们眼里脆弱是可耻的，应该做一个强悍的人，甚至是做一个近乎没有情感的人。可偏偏最害怕情绪的也是他们，因为他们没有处理自身情绪的能力。这类人中男性占了很大一部分，很多男性从小受到的教育是“你是个男子汉，你不能哭”，这让他们在人生早期就被剥夺了表达和宣泄情绪的机会，丧失了情绪表现力，他们会逐渐形成一种根深蒂固的认知——表现出脆弱就不像个男人，所以自己不可以脆弱。若干年后，那个“不会哭”的小男孩长大了，成为一个看似冷漠的父亲，他也会去要求他的儿子不能哭，就像他小时候被要求的那样。

但是作为一个人，有各种各样的情绪本就是非常正常的一件事，为什么不可以有情绪呢？心理学领域把情绪分为喜、怒、哀、惧四大类，再将其细分，可分为积极情绪（开心、兴奋）和消极情绪（悲伤、痛苦、恨、愤怒）。

表面的哭泣、悲伤并不代表一个人是脆弱的，那只是情绪的宣泄，有些人面对接二连三的打击，会哭，会痛，却也会一次次站起来，从未真正倒下。对于这样的人，不会有人认为他们脆弱，真正的脆弱是内心不堪一击。想要真正做到内心强大，不被情绪影响，首先要学会的是处理情绪，也就是觉察自身情绪并进行管理。习得这种能力的大前提是明白情绪是什么。

（1）情绪涉及有意识的体验。

（2）情绪包含了认知的成分，涉及对外界事物的评价。

（3）情绪会引起身体的变化，这些变化是情绪的表达形式。

（4）情绪是行动的前奏，可能跟实际行为相关联。

我们了解了情绪是什么，就能够对其进行管理，比如说某个人惹你生气了，生气之余，问问自己为什么会生气，为什么因为这件事情而不是别的事情生气。往深处问自己问题，向内挖掘，最终的答案自然会浮出水面。找到答案，情绪也会随之消失。习惯成自然，你会变得对自己的情绪越来越了解，知道它从何而来，也就学会了怎样与它和平共处。一个人的情绪越容易被影响，越说明他对生活中的很多事情过于在意了。如果恋人一整天不回微信，我们可能会焦虑愤怒，如果联系较少的朋友一整天不回微信，我们会觉得没什么，其他事情同理。因为想得到或者想依赖，导致注意力倾斜，专注于一件事情，就会放大这件事情给自身带来的影响，不自觉地让自己被情绪控制。其实，让我们受困于情绪的从来都不是别人，而是自己。

蒋明最近接到一个负责公司年度项目的任务，但他认为自己做不到，总是处于焦虑和担忧的情绪之中，晚上也开始失眠。老板发现情况之后找他聊了聊。蒋明尝试将任务拆分，又对自己的优劣势进行分析，发现事情并没有自己想象中那么难，在老板和同事的鼓励和支持下，最终完成了项目。

根据美国学者菲什拜因和阿耶兹的理性行为理论，人能够控制自己的行为，我们能否接受该行为有可能造成的后果所引发的积极或消极情绪，以及来自重要他人的期待，共同构成了行为意向，也就是有多强烈的动机去做某件事，最终导致行为的出现。随着研究的深入，阿耶兹发现人的行为并不全是自愿的，在特定情况下会进行自我控制，于是他在理性行为理论的基础上提出计划行为理论，两种理论最大的区别在于后者增加了“知觉行为控制”这一环节，它由控制信念和知觉促进因素共同决定，可以简单理解为通过过去的经验预判该行为能否成功，从而调节自己的行为。

变成一个内心强大的人，是很多人所向往的，却也是很难做到的。让内心变强就像学一门手艺一样，非得从最基础的点滴做起不可。而人心又是最难揣摩的东西，包括你自己的心。可是一旦修成，就可以卸掉人生路上很多不必要的包袱，轻松自在。

6 走上觉醒之路

如今，“活在当下”成为热词，有些人对这个词的理解是人生苦短，及时行乐，于是走入了“想干吗就干吗”的怪圈，如未经权衡就裸辞、仿佛多爱几个人才不算浪费青春，最终落得一地鸡毛。活在当下的真正含义是不以物喜，不以己悲。不因外物之优和个人之得而喜，也不因外物之劣和个人之失而悲。

这种境界换到心理学之中是让自己始终处于自我接纳的状态，欣然地接纳自己的一切特征，即能够正确看待自身的长处，不为其感到骄傲，也能够接受自身的短处，不为其感到卑微。而这种状态的前提是做到长期保持高度专注，这样可以使人逐渐坦然接受自己和自己所处的环境，接受自我、他人和世界原本的样子，这是形成人格的重要因素之一。社会心理学家马斯洛认为，一个自我接纳的人能接受自己和他人，不会为自己或他人的缺点所困扰而感到窘迫和不安。他们能坦然地接受自己的现状，包括自己的需要、水平、愿望，同样也能宽容地对待他人的弱点和问题，从容地生活。但是，我们在生活中难免会因为工作、家庭各方面的问题而感到困扰，让自己陷入混乱之中。

我的朋友罗先生最近就很烦恼，和他结婚五年的妻子提出离婚，催促着他办理离婚手续，罗先生挽留无效，只好同意。从他的角度看，他既没有不良嗜好，也没有花花肠子，为什么妻子非要离婚不可？从他妻子的角度看，却又是另外一回事，罗先生是没有什么大缺点，但他的木讷和吝啬让她越来越无法忍受。离婚后，从前滴酒不沾的罗先生夜夜买醉，情绪却始终好不起来，无心工作。已经过去的事情一直影响着他。

这种情况在生活中很常见，假设有个人出门上班前和家人吵了一架，回到公司又被老板骂，这时中午点的外卖送晚了，如果是平时他不会生气，反而会体谅外卖员的辛苦，可是这天他忍不住发脾气了。这就是踢猫效应，一种因为外界偶然因素影响导致负面情绪的产生，从而在潜意识的驱动下向弱者发泄情绪的现象，这个人和罗先生一样，都为已发生的事情所影响。怎么最大程度地减少外界事物对我们造成的影响呢？答案是专注于当下做的事情，也就是活在当下。专注说难也难，说简单也简单，我们的注意力很容易分散，但只要多加练习，我们的专注度会得到大幅提高。做到这点并不需要你去报各种培训班，只需从生活中的小事做起。吃饭的时候，你把注意力集中在被筷子夹起的饭菜上，感受食物送入口中，体会咀嚼食物然后咽下的过程。喝水的时候，你看着水被倒进杯子里，体验手握着杯子的触感直到喝完那口水。这些都是我们日常生活中必不可少的行为，却没有多少人关注它们，大家习惯了在吃饭的时候玩手机，在喝水的时候想事情。殊不知，这些行为让我们变得很容易分心，人会变得很容易受外界影响，像一片落叶被各种情绪牵引着，摆来摆去不知飘向何处，更难以从负面情绪之中脱身。养成专心于当下的习惯除了会减少我们的烦恼，让我们活得更快乐之外，还会提高我们的专注力。

当你去到一家高级日料店的时候，如果用心观察，会发现料理师总是专心致志地摆弄手中的食材，摒除一切干扰，专注于每一个细节，似乎整个世界里只有他和手里握着的那一团米饭。日本“寿司之神”小野二郎九十多岁高龄仍在工作，这种用尽一生把一件事情做到极致的人，我们称之为匠人。握寿司所用的醋饭是日式料理中最基本的材料，小野二郎当年光是淘米就要淘上八九遍，用指尖感受每一粒米。而他对食客的要求则是必须专心享用他呈上的每一道料理。从小野二郎到慕名而来的食客，从制作到食用，大家在无形之中都处于一种专注的状态。

仔细回忆一下不难发现，当你专心做一件事的时候，你的大脑里是没有任何杂念的。平日里我们为外物所扰的时候，总会觉得焦虑或者低落，在这种情绪的影响下，有一种度日如年的感觉。想让自己从这种情绪里脱离出来需要转移注意力，这种转移并不是要逼着自己做不想做的事，而是把注意力放在微不足道的事情上，这样就足以让你的心情好起来。比如，把注意力放在你的呼吸，又或者你正在听的那首歌上，只要你进入那种状态，整个人会很快平静下来。这也是为什么很多艺术家痴迷于创作，除了对艺术的执着，更重要的是他们在创作中会高频地体会到这种感觉。心理学家米哈里·契克森米哈赖把这种状态定义为“心流”，他观察了一些从事需要高度专注的职业的人，如艺术家，发现这类人即便没有报酬也很乐意工作，在工作过程中几乎感知不到外界的变化，也很难察觉时间的流逝，他把这种个体将注意力完全注入某项活动并从中体验到愉悦感和满足感的现象称为“心流体验”。产生心流体验主要需以下4种条件：

（1）这件事是我们乐意去做的。

（2）在这件事上我们有着清晰的目标并且能够获得及时反馈。

（3）完成这件事的过程中，我们对它有着很明确的控制感。

（4）我们能够专注于其中，因为专注所以能够在做这件事的时候感到平静，并忘记时间的存在。

当你感到烦闷的时候，不妨按照这几种条件来辅助自己进入心流体验，或者找到一个可以让你处于心流体验状态中的活动，如涂画绘本等。专注于你做的每件事，体会生活带给你的喜悦。

第三章

原生家庭：依赖与独立

1 不让悲剧重演

常有人说，随着年龄的增长，很多话不想和父母说了，总觉得说了他们也无法理解。不仅在面对父母的时候是这样，面对爱人的时候也会出现这种情况，在对方多次误解或扭曲你的本意之后，两个人之间的沟通就越来越少。在尝试沟通但多次受挫后，不良反馈带来的后果是主动沟通的意愿变得越来越弱，因为过往经验告诉我们，这行不通。

一个在充满否定的家庭中成长起来的人，更容易以悲观的心态来看待自己和世界。几乎每个人身边都会有这样的家庭。

小张的父母对孩子的期望过高，奉行打压式教育，总是拿自己的孩子和别人家的孩子做比较。当小张达不到要求的时候，父母会对他进行嘲讽，甚至打骂，即便外人在场也是如此。小张的父母觉得这是为了孩子好，从孩子的角度来看，却是另外一回事。

童年时期，父母是孩子眼中权威的象征。这意味着在他的世界里，父母不会犯错，一言一行都是对的。那些父母对他的讽刺、责骂和否定，会被他全盘认同吸收，这样的孩子是在紧张的情绪中长大的，同样也是缺乏安全感的。

根据费尔曼的依恋循环理论，我们每个人从出生开始就有生理层面和心理层面的需求，其中包括生存所需的饮食、肢体接触、运动以及心理上的感情滋养、和他人的情感联结、感情流动。当我们表达出需求，得到满足，进入良性循环之后，安全感也随之建立，在此基础之上学会信任外界，否则安全感就无法建立。长大之后，我们与身边人或环境的互动深受童年时期的互动模式影响，面对外界刺激依然会按照人生早期的方式来应对。

长期的打击让这类孩子进入负向循环，自我评价非常低，缺乏自信，很多时候往往还没开始做事，就认定自己做不到，抱着“既然没有结果，为什么要去做呢”的想法不肯前进。因为不做，所以没结果。外人看不到这个过程中当事人内心的纠结，对其加以指责，这样的恶性循环让他们越发退缩，以至于逃进幻想世界里不愿出来。

1976年，美国心理学家塞利格曼在实验过程中发现，每次狗笼中的蜂鸣器响起时，对狗施加电击，起初狗会四处逃窜，想跑出笼外，多次电击后，狗不再尝试逃跑。塞利格曼打开笼门，再进行电击，狗也蜷缩在角落，不往外跑。后来，塞利格曼招募了三组被试，第一组听到的噪声无法停止，第二组听到的噪声经过当事人努力后可以停止，第三组听不到噪声。进行噪声测试后，他加了新的实验装置“手指穿梭箱”，被试把手指放在一侧会听到巨大的噪声，放到另一侧则噪声消失。经过对比，第一组被试不愿尝试移动手指，第二、第三组被试均移动手指成功让噪声停止，这一结果论证了在实验过程中体验到无助感的人很难完成新任务。

当人连续经历负面情境，在持续的失败体验中会很容易形成习得性无助感并与之共存，即便进入新的情境，依然会延续这种感受，从而选择“破罐子破摔”，不进行新的尝试。

驯兽师在大象小的时候用链子锁住它的一条腿，在成长过程中它曾经尝试挣脱无数次，因为没有足够的力气，均以失败告终，等到它长大了有力气了，却不再挣扎，在它根深蒂固的认识里，那条铁链是不可能挣脱的。

正如林夕写下的那句歌词：“害怕悲剧重演，我的命中命中，越美丽的东西我越不可碰。”习得性无助是后天形成的一种对现实无可奈何的心态。多次失败之后便不愿再尝试，事情发生之前，他们会下意识地结合过去的负面经历对事件进行想象，把一件寻常的事情想象得非常可怕，觉得天都要塌下来了，而不愿意给自己一个尝试的机会。每个人的判断力都源于过往的经验，对某些人而言，过去的被否定和失败让他们拥有属于自己的“独特”的对事物的判断，这种判断往往是负面的。

陷进习得性无助的人往往会从以下三种角度来看待问题：

个人（personal）：根据遇到的问题内化自己。

普及（pervasive）：认为问题影响了生活的方方面面。

永恒（permanent）：认为问题永远不会改变。

因为这种看问题的角度，他们的心理状态往往呈现“三低一消”：

低成就动机：对失败的恐惧让人没有足够的勇气和动力进行新的挑战。

低自我概念：自我认同感不足及自我评价过低，导致在人际交往中相对退缩。

低自我效能感：无法准确评估自身水平。

消极定式：因为过往的失败认定自己将来一定失败。

如果能够克服内心的恐惧去试一次，虽然可能会失败，但也有可能会成功。不同的是，如果成功了，你会发现并没有想象中的可怕，如果失败了也并不都是你的错。一件事的成败受很多因素的影响，至少你亲身体会了整个过程，勇敢地踏出了第一步。

改变的关键是根据自身情况设置踮起脚尖就可以达到的小目标，随后再逐步提高难度。不必急于求成，像幼儿学步一样，每次迈出一小步，在这个过程中通过完成一个个目标来证明自己，这样做的好处是比较容易得到“高峰体验”。“高峰体验”由人本主义心理学家马斯洛提出，他在《自我实现的人》一书中提到，经过调查，那些有相当成就的人都曾有过一种特殊体验，“感受到一种发自心灵深处的战栗、欣快、满足、超然的情绪体验”。他认为，“高峰体验”不能人为制造，但人可以改造身边环境以提高它发生的可能性。在“高峰体验”中，人们能够更客观地评价他人和当下的环境，自我会变得更统一，情绪更平稳，能够专注于要做的事情，可以简单地把它理解为最佳体验，会让人变得更自信、更积极。当有足够多的正面体验时，你会发现你有足够的能量去掌控自己的人生，过去丧失的控制感逐渐回归，再亲近的人的否定，都不会对你造成太大的影响。

想摆脱某种状态，逃避没有用，你越跑它越会像只摄魂怪一样如影随形，哪天跑不动了就会被它吞噬。只有停止逃避，正视它，才有机会摆脱它，你的内在力量会让这只摄魂怪无所遁形，在阳光下灰飞烟灭。任由习得性无助把你困在原地，还是再尝试一次，奋起反抗，都是可以选择的，人生也一样。

2 甩开被忽视的桎梏

热播剧《都挺好》引起了很多曾在原生家庭中受到心理伤害的女性的共鸣，她们在苏明玉身上看到了自己的影子。

苏明玉虽然从小成绩优异，乖巧懂事，却不是妈妈最疼爱的那个孩子。苏妈妈当年为了城市户口嫁给了自己并不喜欢的人——苏大强，多年后想离开，却怀上了明玉。在明玉出生后，苏妈妈无形中把自己对生活的不满全都投射在了她的身上。大哥可以去留学，她被迫放弃清华，选择了免费的师范学校。

很多时候，打骂、斥责这些十分细微的事情家长早已忘记，孩子却记得很清楚，当孩子长大了和父母提起的时候，想要的是自己的委屈能够被看到，可是家长往往会说“我早就忘了”，或者“你怎么这么小心眼”。从这种家庭里出来的孩子，总是习惯性忍耐，不和旁人诉说。

创伤分为两种，一种是肢体创伤，另一种是心理创伤。而后者的伤痛比前者更久，这种内心的创伤，也许需要一生来消除。

这种心理创伤在精神病学上被定义为“超出一般经验的事件”，如战争、地震、目睹他人丧失生命等，最初引起学界广泛关注也是因为从战场返回的幸存老兵纷纷出现睡眠紊乱、做噩梦、闪回、情绪波动大等症状，心理学家据此提出了一个新的诊断名词“创伤后应激障碍”。随着研究的发展，不少心理学家认为，一些日常生活中常见的行为也有可能导致心理创伤。比如，同样是长期被忽视，对有些人来说不会造成太大影响，有些人却无法承受。具体情况因人而异，但只要给受害人带来十分恐惧或无助的负面情绪体验都算是创伤事件。

现今，心理创伤被分为Ⅰ型创伤和Ⅱ型创伤。

Ⅰ型创伤：

（1）创伤是一次性的。

（2）可发生在儿童期或成人期。

（3）创伤持续时间相对较短。

（4）可自然痊愈，通过心理治疗手段较好治愈。（部分Ⅰ型创伤可转化成Ⅱ型创伤。）

Ⅱ型创伤：

（1）创伤反复发生且持续时间长。

（2）可发生在儿童期或成人期。

（3）相对Ⅰ型创伤，症状更为复杂。（可能出现以下症状：行为改变、认知歪曲、泛化。）

（4）对个体身心造成严重影响。

（5）一般无法自然痊愈。

严重的心理创伤会损害个人的自我防御系统，在此后漫长的人生中，哪怕已经脱离了曾经的环境，受害人依然对外界充满防御心理，保持高度戒备状态，苏明玉就是其中的典型。作为不被期待出生的孩子，她在家里从来都是被忽视的那个，没有感受过被爱，这让她始终有种游离在家庭之外的感觉，她在这里出生长大，却始终像个局外人。进入社会之后，她的内心依然是游离的状态。

长大后的她努力、上进，成了职场精英，可内心还是那个别扭的小明玉。她需要爱，却又不相信爱，哪怕遇到了真心对自己好的人，也不敢相信。从小父母没能给她心理上的依靠，让她形成了一种认知，没有人是可靠的，只能靠自己。

像苏明玉一样不相信爱的人，有些会选择早早结婚，把对父母的渴望投射到爱人身上；有些会醉心事业，认定婚姻不是他们的必选项。无论逃进婚姻还是事业，他们的内心始终有一块缺口，那份情感缺失是其他事物无法替代的。也因此，一旦原生家庭需要他们的时候，他们还是义不容辞。电视剧中苏明玉一次次地把苏家的担子揽到自己身上，内心想要得到父母善待的渴望驱动着她，就像小时候一样，希冀着只要做得足够好，父母就会给她一个微笑，一个拥抱，哪怕一个肯定的眼神也可以。

对于有类似经历的人来说，做好以下几步是与自己和解的开始：

（1）尝试面对创伤，过程中产生的过度警觉等心理反应并不能真正伤害到你。

（2）选择与那些让你觉得安全的人建立联结，提高安全感。

（3）向心理咨询师等专业人士寻求帮助。

（4）逐步拓宽自己的世界，迈入更多新的生活领域。

所谓的与自己和解，便是不要用过去来绑架自己的现在和未来，去追求自己真正想要的，在这个过程中，你会逐渐意识到自己不再把曾经的伤害看得那么重了。这时候，再和父母坐下来，告诉他们你内心的真实想法和感受，告诉他们你爱他们，也想被好好地爱。

3 打开情感枷锁

“我都是为你好。”

这句话，几乎每个人都听过，当父母和你说这句话的时候，你的感觉是什么？

有一个40多岁的未婚男人，从小他的妈妈帮他操持一切，他并不喜欢这种生活，想逃离，于是考大学的时候考了外地的学校，他妈妈却坚持跟去，他想拒绝，妈妈一句“我都是为你好”就把他才到嘴边的话堵回去了。

就这样过了四年，他终于毕业了，开始工作。他妈妈也跟进新家，为他准备一日三餐，如果他不吃完，或者吃别的，妈妈就会不高兴，说：“你看，妈妈这么辛苦做饭，手都冻得通红，你忍心？”这类话语让他愧疚无比，吃光了桌上的饭菜，像小时候一样。

这个例子中的妈妈是典型的“过度付出”，和健康的付出相比，过度付出是无法自控的，通常有以下特征：

（1）即使对方不需要依然主动付出。

（2）不允许对方拒绝自己的付出，一旦被拒绝便加以指责。

（3）理所当然地认为对方应该感激。

（4）认为对方没有自己的帮助就做不好事情，即使对方顺利完成，也会坚持认为如果自己帮忙了会更好，本质上没有把对方当成独立的个体。

（5）过度付出的人在外人看来是在不断牺牲自己的利益，压抑自己的需求，但对方其实并不需要这种程度的付出。

这个男人曾经以为妈妈的“过度付出”会随着他谈恋爱而结束，可是每一任女朋友妈妈都不喜欢，均以分手告终。分手之后，妈妈又希望他能谈恋爱，之后又一如既往地不同意。如此反复，到了40多岁，他说：“就这样吧，无所谓了。”

他妈妈确实是对他的女友不满意，或者说，他妈妈无法接受儿子结婚，无论和谁。对她而言，另外一个女人的加入是对她的控制权的一种剥夺，她必须把儿子的一切牢牢握在手里才安心，这是一种病态的控制。

这个男人的经历是不是很熟悉？在我们身边还有另外一种类型的例子。我们常常会看到，哪怕孩子已经大学毕业，和朋友出去聚会，晚上刚过11点，有些父母就会不停地打电话，直到他回家为止。还有些家长，不打电话催，但是默默地坐在客厅等着，哪怕孩子凌晨5点回家，一进家门就能看到家长一脸疲倦地坐在那里，孩子出于内疚再也不出去玩了。

如果说“我都是为你好”和以沉默的姿态制造内疚属于软性控制，那么，另外一种控制相比之下更明显，也更为粗暴。这类家长，在孩子还小，还需要依赖他们的时候会说“你花的每一分钱都是我的，必须听我的”；等孩子长大一点，他们会说“你必须回老家工作，不然我和你断绝关系”；孩子终于经济独立了，他们又会说“你这样做会伤我的心，白养你了”。

这是“高压型控制”的家长，和过度付出的父母相比，他们采用的方式更为强硬，进而在亲子关系中获得绝对权力来控制孩子。他们通常会出现以下几种行为：

（1）以担心外面不安全等理由过度限制孩子交友、外出等。

（2）当孩子不按自己的想法行事时，就会用甩脸色、打压、冷暴力甚至肢体伤害等方式让孩子感到恐惧进而顺从。

（3）用不再提供经济帮助等方式来威胁孩子以达到目的，如强行干预孩子的专业选择等。

无论是过度付出还是过度控制，都源于家长对自身的焦虑和不自信，他们害怕孩子不再需要他们，害怕孩子成为一个独立的人。他们把本应该放在自己身上的心思倾注在孩子身上。从某种程度上来说，一个人利用对方的恐惧或罪恶感以直接或间接迫使对方服从自己，都可以称为“情感绑架”。被情感绑架的一方往往会通过牺牲自己的需求和感受来让步，从而避免冲突，让自己暂时获得虚假的平静。容易被情感绑架的人通常无法正确评价自己，对自身的看法偏负面，经常怀疑自己，需要依赖外界的认同来维持自信。也因此，他们在很多事情中愿意退让，如害怕对方生气，不断让步以求息事宁人，或不自觉地承担起本不属于自己的责任。

进行情感绑架的一方往往会巧妙地放大自己的付出和牺牲，使用各种语言技巧唤醒对方的内疚心理，以达目的。

双方对峙的过程中通常会经历以下7个阶段：

（1）情感绑架者提出要求。

（2）被情感绑架者尝试提出异议。

（3）情感绑架者通过各种形式的操纵让对方感到恐惧或者内疚。

（4）被情感绑架者态度软化。

（5）情感绑架者利用对方的弱点进行威胁。

（6）被情感绑架者为了缓解当下所承受的压力选择退让，压抑自己的需求，满足对方。

（7）情感绑架者从情感绑架中得到好处。

如果这种提出需求，进行施压，对方最终屈服的关系模式行之有效，就会重复上演，长年累月的控制很容易让人习惯性服从，不再反抗。为了避免暂时的痛苦，让自己变得麻木，别人怎么说，他就怎么做，只为了能够少听几句让自己不舒服的话。他们变得很“乖”，父母再也不用担心他们会逃离。

也许有人会觉得，等到父母过世，他们就自由了。

可是，即使他们的父母离开了，这么多年来自父母的言语和行为已经在他们的脑海里留下了一个不可磨灭的烙印，就像你小时候背了《静夜思》，直到现在，当你看到“床前明月光”时几乎不需要思考，就会想起“疑似地上霜”。被控制多年的人也是如此，在遇到很多事的时候，会条件反射地想起父母说过的话。比如，当他们想晚归的时候，他们的大脑会提醒他们不可以，于是早早回家。当他们和女友发展到准备结婚的阶段，脑海里的警钟敲响，于是临时退缩。

这样的人生很痛苦，而改变永远不算晚。

如果父母尚在，你也已经经济独立了，请告诉他们“我是一个独立的人，我有自己的生活，我需要空间”。这时，他们的反应会很激烈，或以哭闹、责骂的方式压迫你，或以能给你金钱、事业上的帮助为诱惑，诸如此类，都在预料之中。你要做的是坚持住，按捺住内心的恐慌和愧疚。在一次次尝试都以失败告终之后，他们会认清现实：孩子已经长大了。

如果父母已过世，而他们生前的种种行为都给你留下了挥之不去的阴影，当你想去做某一件事情，却被多年的习惯阻挠的时候，不要怕，去做。虽然做的时候你依然会有各种不好的情绪，但是，这是你夺回人生控制权的第一步，道阻且长，行则将至。

活在控制之下的人永远都只是傀儡，摆脱控制，才能发现属于自己的人生。

4 你为什么会爱上像父母的人

有些人的原生家庭很幸福，有些人的原生家庭却没那么美好，父母的某些行为让他们觉得很厌恶，他们也曾无数次告诫自己，以后一定不能找这样的人结婚。有些人做到了，有些人做不到，他们兜兜转转，却还是和像父母的人在一起。

小丁从记事起，父亲在她的印象中就是一个很严厉的人。她考试成绩不好，或者没那么听话的时候，父亲就会打她，然后把她关进杂物间，唯一的钥匙在他手里。如果母亲为她求情，也会遭到训斥，只能等父亲消气。后来，她有了自己的家庭，由于成长经历，她从不打骂自己的孩子，可是，她的丈夫是一个严厉的父亲，和她自己的父亲很像。在丈夫责骂女儿的时候，她会口头阻拦，却不会用实际行动阻止这一切，如待冷静过后开一次家庭会议，和孩子父亲好好谈一谈。这和她年幼时母亲的表现并没有什么两样。

既然不喜欢父母的行为，为什么有些人还是容易喜欢上和父母很像的人呢？

当我们遇到和父母性格相似的人时，会有一种天然的熟悉感，想去接近，毕竟情感模式是后天习得的，从小耳濡目染的与父母之间的相处模式自然是影响我们最深的。根据心理学家荣格曾提出的人格面具理论，一个人的人格可以比喻成不同面具的总和，在不同场合、情境之下所表现出来的人格代表着相应的面具。在社交场合表现出来的往往是更符合社会期待的人格，在面对父母、爱人的时候可能会表现出更接近真实自我的一面。同时，这些面具被分为主体面具和客体面具。

主体面具：自己心理活动的内化，用在自己身上。

客体面具：他人心理活动的内化，用在别人身上。

客体面具是可以转化为主体面具的。在成长过程中，我们会认同或不认同家长在亲密关系中的行为模式，由此决定在感情中是沿袭上一辈的应对方式还是采取完全不同的办法来处理矛盾。

认同分为两步：一、把客体内化，形成客体面具。二、在特定情境下把客体面具转化为主体面具。比如，你认同父母的相处模式，于是下意识地模仿，当你进入婚姻殿堂的时候，也会采取同样的方式来处理夫妻关系。与之相反的是反认同，前面提到的小丁，她对父亲就是反向认同，因为排斥这种模式，她发展出了和父亲完全相反的面具来作为主体面具，但来自父亲的影响依然存在，她的内心是压抑的。

可是，为什么小丁嫁给了和父亲性格很像的人呢？

当一个人在小的时候经历过家暴或者父母感情不和，他会很想改变现状，但那时他没有足够的能力这样做，长大以后，他会下意识地寻找类似的伴侣，这是需求没有得到满足而导致的“未完成事件”在作怪。由于我们的一些情感在知觉领域里没有被充分体验，因此残留在潜意识里，不知不觉会被带入现实生活中，妨碍自己与他人的有效接触。对执着于“未完成事件”的人来说，情结一天不处理，创伤就存在一天。

想要抚平创伤，可以选择和解或者补偿两种途径。如果能在伴侣身上得到补偿，他们在成长过程中的缺憾也就弥补了。可是，事实上他们大多用错了方法，越想修正就越事与愿违，越是改变不了就越想改变，如此循环，就像在沼泽地里挣扎的人，越挣扎越深陷。

“小丁”们始终没有把父亲和丈夫这两种角色分开来看待。父亲是父亲，丈夫是丈夫，这是两个不同的角色，丈夫是陪伴你面对未来生活的人，而不是父亲的延续。他们之所以能够让你离不开只是因为熟悉，但不能因为这点安全感就让自己惶惶不可终日，这样得不偿失。这种安全感是虚假的，真正能给你安全感的人，是那些不会暴力对待你、专一的人，而不是父亲的翻版，也只有那些人才能慢慢疗愈你内心的伤痛，让你看到这个世界上并不是只有一种相处模式。

想要走出困境，不妨从以下4个方面着手调整：

（1）进行自我觉察，用心了解自己的情绪、行为、想法和人际关系的变化，找到引起变化的原因，以便发现“未完成事件”是什么。

（2）找到“未完成事件”之后，以自己能接受的形式把想倾诉的内容表达出来，可以写出来，也可以找到无人之处慢慢诉说。

（3）尝试面对，接纳过去。

（4）调整思维方式，学会积极归因以提高耐挫力。

其实夫妻关系的好坏不仅影响孩子的性格，也在无形中影响了孩子的择偶观。一个很优秀、很顾家的男人曾对我说：“我不希望将来我的女儿遇到对她不好的人，她从小看到爸爸妈妈是怎么相处的，长大以后，她才知道什么是好的感情，最好的教育是言传身教。”他很有智慧，也做得很对。如果你是一个有女儿的父亲，你对待妻子的方式，很有可能就是你女儿未来丈夫对待她的方式。

我们不能选择父亲，但我们可以自主选择伴侣。在你选择伴侣的时候，问自己一个问题：“我希望自己孩子的父亲是这样的人吗？”如果你也不想，为什么要在有选择的时候让自己有一个这样的“父亲”呢？每个人的内心都有一个小孩，这么多年的委屈和痛苦，他都在承受。你要鼓励他，给他足够的爱，让他不再害怕，他会告诉你他更喜欢谁。

教育本就是一个持续十几年的过程，需要两代人共同努力。

第四章

正向情绪与负向情绪：让你害怕的是什么

1 如何改变情绪困扰

“这有什么大不了的，吃顿饭就好了。”

“忙起来就不会难过了。”

“这世界上比你惨的人多了去了。”

“你总是这样子，有没有想过我的感受？”

这类话语也许别人对你说过，也许你对别人说过，当你心情不好的时候，听到这些话是觉得“我应该振作”还是“你不懂我有多难受”？人有正向情绪，当然也会有负向情绪，因此，有的人乐观有的人悲观是很正常的一件事。可是不知道从什么时候开始，我们总会被叮嘱一定要积极乐观，不要有负能量，在别人面前或者社交平台表露出负面情绪被认为是不应该的，会给别人造成困扰。

这种说法对吗？也对也不对。

说对是因为我们确实不应该让自己被情绪左右，不应该让自己的生活充满负向情绪，但这不代表要把所有的坏情绪藏起来，这样从某种程度上来说是对自身的伤害。有些习惯用偏负向思维看问题的人会觉得，为什么别人总是那么乐观，自己却做不到，虽然为此感到懊恼，但是当身边人出于好意建议多想想好的方面的时候，心理压力又会增大。

小周是一个习惯性往负面想的人，最近他因为一件事心情很不好：小周的长期合作伙伴赵总每年都会选他作为供应商，但今年因为小周提供的产品不合格率变高，赵总收到了不少投诉之后，决定换另外一家报价稍高但产品质量更好的公司作为供应商。平时很少参与工厂管理的小周得知消息之后愤愤不平，觉得明明合作了这么久，怎么会突然换供应商。又联想到最近赵总和另外几个供应商走得很近，便认为是他们之间有利益输送，才会换掉自己。过了一段时间，几位老员工向他反馈：“上一批次的原材料有问题，很多产品都要返工。”小周这才恍然大悟，打电话约赵总出来解释，对方也表示产品质量提升以后可以再进行采购。

遇到事情首先往负面想很容易引起误会，如果想要改变“凡事看负面”的思维模式，首先要改变的是自己的认知。我们的情绪是由思维、信念引起的，不合理的信念往往会给人带来情绪困扰。根据美国心理学家埃利斯创建的“情绪ABC理论”，人的情绪不是由某一诱发性事件本身引起的，而是由经历了这一事件的人对这一事件的解释和评价引起的。人们面临的激发事件和最终产生的后果是间接关系，真正导致不同结果的是信念，从而引起情绪困扰。

不合理信念往往具有以下3种特征：

（1）绝对化的要求。表现为忽略事物发展的客观规律，认为某事一定会发生或者不可能发生。当事物的发展与设想的不同时，就会陷入困扰。

（2）过分概括化。表现为以偏概全，常常会以一件事或几件事来评判自己或他人。

（3）糟糕至极。常常过分想象，认为某件事非常糟糕，甚至认为自己的人生因为这件事完了。

根据“情绪ABC理论”，改变情绪困扰不应该致力于改变已发生的事，而是应该改变对这件事的认知，改变了认知就能改变情绪，可遵循以下4个步骤进行调整：

（1）把对这件事件的想法暂时剥离开，思考自己为什么会有这种想法。

（2）从这种想法开始回溯。例如，小周认为赵总收受了好益才会选择别的供应商时，可以反问自己为什么这样认为，不断倒推，直到产生悖论。

（3）通过倒推过程中产生的悖论强迫自己建立合理的信念。

（4）以原来不合理的信念进行想象感受，再通过合理的信念来想象，对比两种信念之下情绪体验的差异，来巩固新的认知。

以上方式可以使我们比较不容易陷入负面情绪，但不代表这种情绪会永远消失，随着工作、生活的压力不断增大，我们很容易在不知不觉中形成不良情绪，就像刘某的经历：独自离家在外工作的他在某天凌晨骑车逆行被交警拦下，他的情绪一度失控，跪地痛哭，甚至想要轻生。待情绪缓和之后，他对警察说，自己每天加班到晚上十一二点，刚刚女朋友又催着他送钥匙，觉得很累，想哭一下。

这种经历之所以让很多人心酸，是因为这的确是很多人的常态，每天加班加点，回到家连话都不想说，和父母打电话的时候报喜不报忧。刘某已经被平日里的种种压力压得喘不过气，内心就像一个被负面情绪撑得越来越大的气球，日积月累膨胀到极限边缘了，只需轻轻一刮就会爆，即使他没有被交警拦，遇到别的小挫折也会崩溃。可是，另外一些人相比之下抗压能力就强很多，这和心理弹性的大小有关。

心理弹性是指主体在应对外界变化时心理和行为上的反应状态，它既受先天遗传影响，也受后天环境影响。相对来说，一个人的心理弹性越大，适应环境变化的能力越强。心理弹性具有以下4种特征：

（1）意识性。主体有意识地接受外界刺激并主动反应。

（2）互动性。主客体相互作用。

（3）整合性。主体在受到外界刺激之后的心理反应和应对行为形成完整结构。

（4）差异性。在不同因素的影响下，个体在这个过程中心理弹性的平衡性和强度均会产生变化。

心理弹性是随着外界环境动态变化的。它的变化和危险性因素、保护性因素有关，前者对心理弹性形成消极影响，后者形成积极影响，但两者在交互过程中会相互消减。后天承受的压力和经历的挫折过多，也就是危险因素水平如果超过个体的心理承受范围，会降低人的心理弹性，甚至使人身心失衡，但适度的危险性因素会让个体的心理弹性在重新整合之后有所提高。除此之外，也可以通过训练的方式来提高心理弹性：

（1）接纳自己，提高自我效能感，也就是对自己是否能够完成某一行为更自信。

（2）通过前文的方法学会并经常使用积极的心理暗示，尽量使自己少被情绪困扰。

（3）维护稳定的社会支持系统，包含家人、朋友等，遇到困难的时候学会向他们求助。

（4）当遇到外界刺激时勇敢面对问题，事后进行复盘，总结成功经验，会更有信心应对未来可能发生的不良事件。

其实，我们刚来到这个世界的时候，都是想哭就哭、想笑就笑的。随着年龄的增长，我们越来越擅长克制自己的情绪，但是过分压抑情绪只会让状况变得更糟，用合适的方法及时排解情绪才能让身心处于平衡的状态。

2 学会说“不”

当别人请求你做某件事的时候，你并不想做，却始终无法把那个“不”字说出口。哪怕终于鼓起勇气拒绝别人，也会觉得内疚，怀疑自己是不是应该这样做。明明拒绝别人是一件很正常的事情，在自己眼里却像是犯了大错。这就是我们常说的“老好人”的特点，面临选择的时候这类人总是委屈自己，取悦别人。所做的种种都是为了争取身边人的认可，别人高兴就可以了，自己高不高兴无所谓。不懂得拒绝、无限退让等，都是讨好型人格者的表现。

这类人有4个常见特点：

（1）对别人的感受特别敏感。

他们特别在意别人的看法，生怕自己的一言一行会惹人讨厌，这种紧张和担心和他们对别人的重视程度成正比，导致他们无时无刻不小心翼翼，哪怕只是犯了小错误，也会懊恼很久。

（2）习惯性抬高别人，贬低自己。

他们在生活中很没有主见，别人说吃什么就吃什么，别人说玩什么就玩什么，一举一动都建立在他人的评价之上，因为害怕被嫌弃，唯有降低自己，才能在人际交往中获得安全感。

（3）不敢发出请求，很难拒绝他人。

他们总是害怕说“不”，哪怕明明是对方不对，也不敢作声。在他们的思维中，“拒绝”和关系破裂之间是画等号的。表达合理需求在这类人心里也成了给他人添麻烦的行为。

（4）缺乏界限和原则。

他们做的很多事是以取悦他人为目的，总是允许别人在自己的生活里指手画脚，守不住界限的同时也常常突破别人的界限，分外渴望建立亲密关系又经常因为对方无法满足自己的内心期待而失望。

能够意识到自己是讨好型人格，是改变的开始。

小张是典型的讨好型人格，在她小的时候，她的父母总是要求她要乖，要好好学习。这和大多数家长没什么不一样，但是她的父母只有在她好好表现的时候才会和颜悦色，当她达不到要求时，父母会以冷漠的面孔相对。长此以往，她形成了一种认知：她必须让别人满意，别人才会爱她，如果别人不爱她，那是她做得不够好。

她一直在这种认知的指挥下处理人际关系，身边的同事、朋友都觉得她人很好，从不与人争论，也不发脾气。她之所以这样并不是看得开，不把这些琐事挂在心上，而是她不敢发出自己的声音。人都会有不开心、愤怒的时候，她的这些负面情绪从不向外表达，那只能向内攻击。

直到人生已过半，她才意识到自己不能再这样下去：小时候围着父母转，长大了围着爱人转，老了就围着孩子转。她从学会说“不”开始改变。某天有人邀请她去饭局，她拒绝了，这在她人生中是少有的。拒绝的时候她很忐忑，毕竟多年的习惯不是说改就能改的，可是对方的反应并不像她从前设想的那样对她有什么看法，这让她感到了一种前所未有的轻松，不再像以前那样有很重的心理负担。

如果你是讨好型人格又不喜欢这种状态，不妨按照以下几个步骤试一试：

（1）面对别人的请求时，提醒自己是有拒绝的权利的。

（2）从小事开始，尝试拒绝。

（3）把假想的对方的反应和对方真实的反应区分开。

4. 不要屈服于拒绝他人所带来的内疚感。

每个人都有拒绝别人的权利，讨好型人格的人主动放弃了这个权利，让自己长期处于弱者的位置，这种方式并不能真正地维持一段关系。把属于自己的权利捡起来，你不需要为所有人的情绪负责，照顾了所有人的感受意味着你忽略了自己的感受。

改变自己，学会说“不”，无论从什么时候开始都不晚。别人爱你，因为你是你，和迎合无关。

3 不要被病耻感绊住

近几年来越来越多明星被报道患上了抑郁症。抑郁症的形成主要是受遗传、生理以及后天环境等方面因素的影响，如神经内分泌的变化、生活中的应激性事件、个人性格特征等。病症出现通常是各种因素相互作用所致，而不是单一的原因。抑郁症的表现通常包含以下8个方面：

（1）情绪低落。持续性心情不好，对自己和生活感到悲观，对事物不抱希望。

（2）兴趣减退。对以前喜欢的事情失去兴趣，其中包括吃喝玩乐和兴趣爱好、逃避社交等。

（3）快感缺失。无法再从生活中感受到心理或生理层面的快乐。

（4）睡眠障碍。失眠、早醒、入睡困难、多梦等，可能出现一种或多种症状，因人而异。

（5）躯体障碍。头疼、背疼、肩颈疼、胸闷心慌、胃肠道不适等，可能出现一种或多种症状，因人而异。

（6）思维障碍。患者常常会感觉“脑子转不动”，短期记忆力减退。

（7）言语障碍。话语减少，说话没有之前流畅。

（8）无价值感。认为生活和人生没有意义。

这8个表现中，情绪低落和快感缺失为抑郁症的核心症状，其余症状和疾病对大脑造成的影响有关。

杏仁核：杏仁核是大脑边缘系统的一部分，负责产生、识别、调节情绪并控制学习和记忆，临床上的镇静剂、安眠药等除了能够促进睡眠之外还能够改善杏仁核功能，常与抗抑郁药合并使用。

海马区：海马区主要和短期记忆有关，该区域受损会导致记忆力、想象力下降，因此抑郁症患者随着病情加重会出现明显的短期记忆减退。

前额叶皮层：额叶皮层和人的精神、语言、运动有关，其中额叶前部有很多联络纤维，在受损的情况下会影响记忆、情感，对抽象思维、判断能力的影响使患者更容易出现冲动行为。

因此，抑郁症患者的“懒”是受到了心理因素和生理因素的双重影响。假设我们的精力是一块电池，有些人的电量是100%，有些人少一些，而陷入抑郁的人，他们的电量可能只有30%，他们强打起精神才能做到我们常人轻而易举就能做到的投入工作、参与社交。手机电量少于20%的时候会弹出选择低电量模式的提示，如果一个人的“电量”过低，他必然也要选择低耗能模式。即使他不想，也会在这种状态下回避社交，只能通过短暂休眠的模式去缓慢地恢复一部分能量，以维持“正常表现”。有些抑郁者只要还能够勉强支撑，会避免在别人面前表现出“丧”的一面。更有甚者，会在外人面前尽力扮演一个开心的自己，也就是微笑型抑郁症，这是少部分抑郁症患者的症状，男性居多。它的可怕之处在于患者很清楚自己只是表面在微笑，内心却在哭泣，因为封闭了情绪出口，表面的表演性质行为和内在情感体验的错位撕裂会加重病情。

这和病耻感有关，病耻感是和自我污名化相关的一种负向情绪体验，其核心表现为害怕社会对这种疾病的刻板印象、偏见、歧视而选择隐藏，甚至产生自罪感。由于思维惯性，抑郁症患者常常内归因，也就是认为都是自己不好才会这样。和将导致最终结果的原因归于外界的外归因相反，过度内归因会加深患者对自身的悲观看法。

抑郁症患者只要愿意说出来，内心的压力就会减少，也可能会发现原本担心的不被理解是多余的，亲朋好友的支持会让他们更有信心。

在生活中，我们应该怎样去辨别身边人是否正在默默忍耐着情绪折磨呢？最明显的信号是行为特征的改变，例如：

（1）原本很喜欢和朋友约会的人突然频繁回避社交。

（2）原本很爱干净的人变得不修边幅。

（3）原本很遵守规则的人突然不再遵守规则。

如果怀疑自己或者身边人有抑郁情绪，请及时寻求专业人士的帮助，虽然网上有各种诊断标准，但是缺乏专业知识很难自行判断真伪以及尺度。抑郁症和其他疾病一样，都需要医生的治疗，通常是药物治疗和心理咨询双管齐下，以及日常复健。

治疗方面：

（1）药物治疗：前往正规医院，医生会根据具体情况进行治疗。

（2）心理咨询。通过学术背景、咨询经验以及是否擅长治疗抑郁症等方面筛选最适合自己的心理咨询师，坚持咨询。

日常复健：

（1）食物。可食用香蕉这类富含色氨酸的水果，或者西瓜、巧克力等含糖量高的食物以刺激大脑分泌多巴胺，适量服用复合维生素B。

（2）运动。适当进行一些相对温和的运动有利于改善情绪，如游泳、瑜伽。

（3）正念冥想。具体可参考卡巴金教授所写的《穿越抑郁的正念之道》。

（4）尽可能保持积极的心态，并形成习惯。

抑郁症康复的过程是螺旋式的，会呈现起起落落的状态，但总体是向上的。有时候觉得快好了，情绪却又突然低落，都是很正常的情况，主动配合治疗，总会有康复的那天。勇敢地说出自己不快乐，是非常好的一件事。

4 接纳自己的一切

小蕾在上小学的时候，曾经遭受校园暴力。当时的班长带着几个同学一起欺负她，并且说："你父母都不在你身边，你是没人要的孩子。"从那时起，她变得不爱说话。她进入中学以后，远远见到同班同学走过来，就马上低头假装没看见，于是大家也慢慢不和她玩了，她也变得越来越敏感，总觉得同学们轻视她。对此，她时常用一些虚张声势的行为掩饰自己，虽然很希望有朋友，却还是假装无所谓，自我催眠："不是别人不喜欢和我玩，而是我不喜欢和别人玩。"

小蕾选择的这种应对方式和她的防御机制有关，防御机制最早由弗洛伊德提出，是精神分析学派的重要概念。当个体面临挫折或冲突时，会自觉或不自觉地想办法摆脱困境，以恢复心理的平衡稳定，这就需要借用防御机制。防御机制主要包括如下特征：完全无意识或部分无意识、分为积极防御和消极防御、可单一表达也可以重叠表达、自我美化、自我欺骗。

防御机制主要包含以下7种：

（1）压抑。最重要的防御机制，个体因为不愿接受某些事物而努力将其摒除在外，但内心长期的可察觉和不可察觉的斗争终有一天会把能量耗尽。

有对夫妻婚后几年都没要上孩子，去医院检查之后双方都没有大问题，但妻子因此觉得压力很大，一段时间以后出现种种孕期症状，医生做了检查之后判断是假孕，也就是并不是真的怀孕了，而是心理因素导致的生理变化。

（2）升华。唯一成功的防御机制，个体将无意识冲动转为社会可接受的形式。

王明的年龄不大，但是心里总有一种想要打人、破坏东西的冲动，后来他看了几场搏击比赛，开始迷上这项运动，于是去报班学习。

（3）替代。将冲动转向其他没有威胁性的目标。

赵磊平时在外总是呈现一种畏畏缩缩的状态，但回到家他彻底变成另外一个人，会对自己的妈妈大吼大叫。

（4）否认。因为不愿意接受某种事实，而用各种行为让自己“感觉”事实不是真的。

有一位母亲人到中年失去了儿子，几年过去了，她依然每天给儿子发消息，逢年过节转账给那个永远不会有回应的微信。

（5）反向形成。用和内心动机欲望完全相反的方式来行事。

周强因为外表和身高一直很自卑，内心深处也无法接受这样的自己，很在意别人是否瞧得起自己，因此走向和内心相反的方向，用自负来武装自己。

（6）合理化。个人遭受挫折或无法达到自己的目标时，用有利于自己的理由为自己辩解，从而得到解脱。

今年是小韩第二次复习考研，明知道时间很紧张，可是每当有朋友约自己出门的时候她都会去。

考前恰逢楼上邻居家装修，电钻声一响起，她就开始打游戏，心想等噪声停下来再开始学习。

在这种状态之下，小韩自然没考上，她内心深处明白这样的结果是因为自己的懒惰和拖延，却不敢面对自己的内心，转而向身边人抱怨楼上装修影响她备考。

（7）投射。拒绝承认自己的某些想法，却将这种想法无意识投射到他人身上。

王乔认定人是不可信的，但内心深处他才是一个不愿意相信任何人的人。

小蕾面对被冷待的经历，选择的防御机制正是反向形成，明明渴望交朋友，但为了缓解同学们的孤立带来的焦虑，选择用高冷这种外在表现来掩饰。那是当时她的认知里最好的选择，但这让原本只是忽略她的同学开始嘲笑她，笑她长得矮，笑她不会打扮，她变成了大家的嘲弄对象。在十五六岁的年纪，大多数人都是看同龄人怎么做，自己也跟着做，即使有些同学并不讨厌她，却还是迫于压力疏远她，大学之前的求学生涯对她来说是黑暗的。所幸，她很用功读书，考上了重点大学。进入大学之后，她做的第一件事就是买化妆品和高跟鞋，四年下来，只要出门，她一定是化着完整的妆，穿着高跟鞋，哪怕只是到保卫室取个快递。这时候的她有了很多朋友，大家对她的评价变成了开朗和漂亮，她看起来再也不是当年那个丑小鸭了，可是也没有人能走进她的内心，她无时无刻不在隐藏，她不敢面对那个普通、自卑的自己，也不敢让别人看见。尤其是当她回到度过青春期的家乡时，仿佛又变成那个低着头的小女孩。

瑞士心理学家、分析心理学的奠基人荣格曾经提出阴影理论。“阴影”这一心理学术语不等同于我们在日常生活中说的“某事让我心里有阴影”，而是用来指代那些我们想藏起来的特质，这些特质往往是因为恐惧、羞耻或者缺爱而导致的。它们来自我们的个人潜意识，也就是未得到充分发展的功能。越压抑，阴影就会越密集，得不到修正的机会，随着阴影的累积，在将来的某一刻会突然爆发，表现出和平时完全不一样的特质，让人大跌眼镜。如果个体能够直面这些被藏起来的特质，接纳它们，让它们成为人格的一部分，会使这个人的精神生活发生改变。

正如荣格所说，“每个人都有阴影”，多数人或多或少都有过自己无法接受的一面，也许和外表有关，也许是某种自认为邪恶的想法，也许是曾经有过的某些行为。当自己都觉得厌恶的时候，就会认为其他人一定也是这样觉得的，因而耗费大量精力去掩盖。这样做并不能让它们消失，如果我们不去正视它们，它们将一直存在，如影随形。电影《无间道》里刘德华所饰演的刘建明正是一个从未直面内心阴暗面，最终堕入“无间地狱”的例子。

刘建明作为黑道卧底进入警校，教官开除陈永仁的时候吼了一句：“谁想和他换？”他低头嘟囔着“我想和他换”。从开始到结束，他不断地说“我想做个好人”，行为上却与之相反，为了保住眼下的生活，他除掉了所有知道他底细的人。作恶的同时却不愿承认自己恶的一面，认为自己是个好人，这种精神上的不断拉扯最终导致他产生幻觉，在幻境里，他是陈永仁，一直在搜集举证刘建明的证据，当他把自己所有罪证甩在众人面前时，大家都意识到他已经疯了，他却还念叨着想做个好人。刘建明意识不到如果想成为一个好人，他必须回头面对自己的过去，承认自己过去不是好人，他才有可能成为一个真正的好人，妄想抹杀过去就会抹杀了自己。

见过光明就再也不想回到黑暗之中是人之常情，可是只有正视黑暗，才能拥抱光明。刘建明始终排斥自己的真实身份，自我、超我、本我之间的博弈严重失衡，内心长期处于激烈冲突的状态，各种负面情绪甚至精神障碍随之而来。

其实，我们只是多数人中的一个，是个普通人，美好的一面和别人差不多，丑陋的一面也不会太离谱，我们有优缺点，别人也有。只有接纳了自己的一切，内心才会协调。心理健康与否影响着我们生活的方方面面。

5 独乐与众乐：和自己的内心对话

每个人都需要独处的时刻，就像歌里唱的，“在周末晚上，关上了手机，舒服窝在沙发里”。独处是一种能力，拥有这种能力的人和众人印象中的性格孤僻者截然不同，他们擅于维护人际关系而不是自我隔绝，相较而言，他们对自己的评价更准确，共情能力也更强。

随着年龄的增长，人们会逐步抛弃无效社交，更乐意自己一个人待着，学会独处恰好是心理成熟的标志之一。美国发展心理学家埃里克森将人的一生分为8个阶段，提出了“循序渐进的发展学说”。他认为每个阶段都有其心理发展任务，前一阶段是后一阶段的基础，彼此紧密相连。这8个阶段分别为：

（1）婴儿期（0—1岁）：信任与不信任的冲突。这个时期的婴儿必须依赖抚养者，也学会了用哭泣的方式向外界传达“想要”，是发展信任的关键时期。如果成功建立信任感，长大后更易满足的同时也不怕依赖他人，建立失败则不易信任他人。

2. 学步期（1—3岁）：自主与羞怯的冲突。和婴儿期相比，自主探索外界的能力增强，但依然处于十分依赖父母的阶段。这一阶段的任务是克服羞怯自主探索，任务的完成度对于个体日后对规则、法律的看法会造成很大影响。

3. 儿童早期（3—6岁）：主动与内疚的冲突。到了这个阶段，随着脑神经的发育和语言水平的提高，儿童开始具有主动性并知道自己行为的目的——我想要什么。其间易和抚养者或玩伴发生冲突，在解决矛盾的过程中认识自己的目的是否正确，进行自我教育。该阶段的发展程度与日后的个人成就相关。

4. 小学期（6—12岁）：勤奋与自卑的冲突。这一阶段儿童的依赖重心从家庭转向学校、同龄玩伴。在本阶段能否顺利适应新环境，跟上学习进度决定了勤奋感和自卑感的高低。个体日后的学习习惯和工作态度很大程度上源于学龄期是否完成心理发展任务。

5. 青少年期（12—18岁）：自我同一性与角色混乱的冲突。生理上的飞速发育、过多的外界信息和更复杂的环境、社会要求和自我要求之间的不平衡等等，容易造成角色混乱。这一阶段的任务是建立自我同一性，它决定了其人格是否健全。

6. 成年早期（18—25岁）：亲密与孤独的冲突。因为生理、爱与归属的需求，产生寻找别人一起面对和分享生活的愿望，同时也具备了相信的能力，自我同一性建立良好的人更容易和他人发展亲密感，降低孤独感。

7. 成年期（25—55岁）：繁衍与停滞的冲突。这一阶段自行抚育孩子或与年轻人互动都会感到生活的丰富。在这一阶段没有形成繁衍感的人相对而言处于停滞状态，更关注自己的需求和利益。

8. 老年期（55岁—死亡）：自我完善与悲观失望的冲突。这一阶段对死亡的恐惧程度取决于对自己过去生活的态度。

不难看出，从出生起我们的心理就处于不断发展的状态，其中关键转折期是开始建立自我同一性的青少年期，最终目的是将“众多人格整合”。根据埃里克森的自我同一性理论，当自我同一性确立之后，就意味着个体对自己有充分的了解，能够将自我的过去、现在、未来整合成一个整体，形成稳定人格，也就是不会再为“我是谁”困惑。这样的人不需要用大量社交来满足情感需求。

独处也分为非自愿独处和积极独处。顾名思义，非自愿独处是由于各种原因而被迫自己待着，如由于社交恐惧等原因，他们并不喜欢这种状态，独处会加深他们的孤独感。而积极独处的人是基于自愿选择，他们在和自己相处的时候，不会觉得焦躁不安，内心是充盈的。

季先生是一个做不到独处的人，只要闲下来他就会焦虑，于是他用工作把自己的时间填满，然而他没有很好的计划，只是为了让自己忙起来。这种刻意的忙碌并不能让他获得愉悦感，反而加深了他的焦虑，最终导致一刻都不敢停。季先生的焦虑也许是因为逐渐增大的压力，也许是由于急于求成却做不到的挫败。

和季先生有类似处境的小王则是另一种焦虑：小王几乎时时刻刻都要和别人在一起，哪怕只是两个人待在同一空间里各忙各的，他也不愿意独自一人。他几乎把所有时间都花在了社交上，可想而知，这种方式让他没有了自己的生活，他就像溺水的人死死抓住救生圈一般，不敢放手。他害怕独处，那会让他觉得惶恐和孤独。

小王呈现出来的是分离焦虑，根据马勒提出的分离—个体化理论，孩童会在6—24个月的时候进行分离个体化，24—36个月的时候建立客体永久性，这时候他们即使和抚养者暂时分开也不会焦虑。但在那之前，婴幼儿在和抚养者分离的时候会产生焦虑不安的情绪，如果没有很好地完成分离个体化，容易将分离焦虑带入成人期。成年后依然有分离焦虑的人通常会有以下表现：

（1）对拒绝、抛弃、疏离的信号十分敏感。

（2）渴望得到更多陪伴。

（3）非合理频率地和他人保持联系。

（4）自我评价低，对安全感的需求高。

（5）心理上依赖伴侣，但不易信任对方，甚至会用推开对方的行为进行测试。

归根结底，一个人感到焦虑是出于对未来事件感到无法控制、不知如何处理而产生的情绪。以分离焦虑为例，不妨按照以下3个步骤进行自我疗愈：

（1）正视自己的一切。

（2）觉得焦虑的时候尝试告诉对方自己所担心的究竟是什么，想要的是什么。

（3）做好前两步，把剩下的交给时间。

正视自己的一切是消除社交焦虑的开始，但是回避自我的人是无法了解自己的。独处是让我们去认识内心的机会，如果把我们的内心比作一间漆黑的房子，我们只有走进去一点点地摸索，才能了解它的内部结构。也只有在独处的时候我们才是真正自由的，平日里被掩盖的内心冲突也会浮出水面，让我们能够通过独立思考进而更深层次地认识自己。德国哲学家叔本华在《关于独处》中说："人们聚会的场面越大，就越容易变得枯燥乏味。只有当一个人独处的时候，他才可以完全成为自己。谁要是不热爱独处，那他也就是不热爱自由，因为只有当一个人独处的时候，他才是自由的。"这正是独处的意义，它让我们不恐慌，不焦虑，成为一个真正的独立个体，不会过度依赖谁，把生活掌握在自己手中，最终与自己和解，唯有跟自己达成和解的人才能消解戾气，去和这个世界和解。

我们最深刻的精神体验都发生在内部，想和自我对话是需要适度的独处时间的。社交是让我们保持良好心理状态的必需品，可是凡事过度了都会有害，过度陷入人际关系反而会让我们与自我产生隔膜。学会和自己相处，不是为了成为某种人，而是为了成为一个独特而完整的人。

第五章

打破惯性带给我们的阻碍

1 突破为了努力而努力的怪圈

小李认为只要钱给够了，再多加班也无所谓。

小张认为生活不能只有工作，除非工作任务多，必须延长工作时间才能完成，不然宁愿少赚点也不想加班。

小王手头上的工作往往在下班前就已经完成，但下班时间到了却没有人走，看到同事都加班到很晚，他迫于压力也留了下来。这样久了，小王想着反正晚上才能走，白天开始“磨洋工”，无形之中，工作效率下降了。

小林是自愿加班，他觉得多做点就可以快点升职加薪，但是在努力的过程中始终没有方向，他渐渐变得很焦虑。

不同的人对工作和生活的分配也不同。总的来说，不是在毫无选择的情况下主动让自己陷入只有工作没有生活的状态，多数是因为以下5个原因：

（1）从小被教育要努力进取，于是拼命上进，这种上进背后是种不被允许落后于他人的恐慌，却不知道这么做是为了什么。

（2）投入大量的工作时间挤压属于自我的时间，以达到逃避自我的目的，不想面对自己的某些缺点、心结，借工作在内心竖起屏障。

（3）树立努力工作的形象，以得到外界的重视或夸赞。

（4）在生活中遇到让自己觉得无能为力或不想面对的事情，借工作逃避现实。

（5）渴望变得不平凡，却找不到方向，只好让自己忙得停不下来进行“又离成功近一步”的心理暗示。

越努力越焦虑的人更多是为了努力而努力，他们没有一个清晰的目标，不知道自己五年后、十年后想要得到的是什么。努力是为了有回报，其中包括了名利、更高的位置和成就感等。每个人想要的都不同，有了回报我们才会觉得自己的付出是有意义的。

李禾在一家业界知名企业工作，在很多人看来，能进这家公司工作很幸运，她却想换工作。她每天很忙碌，却总在做着同样的事情，这无法给她带来成就感。她说，她不怕加班，不怕累，但是努力工作要有成就感，她才有动力。

缺乏动力容易使人放弃。当我们看到别人在努力时，会被影响，觉得自己也应该努力，有些人坚持下来了，有些人没有，本质区别是内驱力的强弱。内驱力分为两类：第一类是原始内驱力，是由饥饿、睡眠的生理需要产生的内驱力；第二类是高级内驱力，是由劳动、交往、成就所组成的社会性需要产生的内驱力。

劳动需要：包括体力和脑力劳动，是我们赖以生存的基本条件。

交往需要：我们与他人进行信息、思想、情感交流的需要。

成就需要：完成对自己而言有意义的事情以获得成

就，可以是名誉、地位、金钱，具体因人而异。

上面例子中的李禾恰好是一个成就感需要比较高的人，但因为无法在工作中体验成就感，有了离职的想法，归根结底是因为内驱力不足。

内驱力弱的例子：一个人看到长期坚持健身的人在社交平台发了自拍，他也想要这样的身材，于是第二天就去健身房办了年卡，去了3天，就再也不去了。

内驱力强的例子：一位体重达到肥胖标准的母亲在很短的时间内减掉60斤，因为她的儿子患有肝病，她需要减重之后才能割肝救子。

有了强大的内驱力会激发人的潜能，当你发自内心地想去做某件事情时，做成这件事后的喜悦便是你最大的驱动力。有些人虽然有动力，却在错误的方向上坚持，最终导致失败，欲望越大挫败感就越强，一旦这种挫败感超过了这个人的心理承受能力，他就有可能从此一蹶不振。

赵磊有很强烈的赚钱动机，立志成为知名企业家，他为此拼命努力，什么能赚钱就做什么，却从未考虑过自己适合做什么。在尝试的过程中，接连的失败和打击让他丧失了斗志，陷入自我怀疑之中，心中那团火也熄灭了。

这样的例子很常见，我们不妨在全身心投入一件事之前好好考虑自己到底适合做什么，磨刀不误砍柴工，在正确的方向上努力才是有价值的。但是，即便走上了正确的道路，有些人还是败在了急于求成上。他们往往只定了一个远大的目标，却没有把它细分成为一个个小目标，很容易就会半途而废。想有所成，除了努力，更需要耐心和毅力。

20世纪60年代，斯坦福大学的心理学教授沃尔特·米歇尔做过一个关于延迟满足的实验。他召集了一批儿童，让他们单独待在一个只有一张桌子和一把椅子的房间内，桌子上放着小孩爱吃的棉花糖，他们可以选择马上吃掉，也可以等研究人员回来之后再吃，如果选择延长等待时间，他们可以得到更多的棉花糖。通过追踪记录，研究人员发现，能够做到延迟满足的孩子，相对来说学习成绩更好，更不容易沾染不良习惯，事业也更成功，他们的共性是为了目标可以克制自己。人们往往会艳羡别人一飞冲天，却忽略了别人在看不到的地方下了怎样的苦功夫。我们为之努力的那个目标是另外一种形式的“棉花糖”，以下6个步骤会让这条实现目标的路走得更稳一些：

（1）分析自己的现状。

（2）总结自身的优势、劣势，想想如何更好地发挥优势，弥补劣势。

（3）设立长远目标，如写下在退休以后想过怎样的生活。

（4）以三年为一个阶段设立短期目标，再进行细分。

（5）确立执行计划的时间。

（6）一旦开始执行，除非遇到不可抗力因素，否则绝不中断计划。

用这种方式规划生活的方向，一切都会变得清晰，与其盲目地为了努力而努力，不如找到方向之后坚持不懈。

2 调整思维模式

夜深人静的时候，你是否为曾经错失机会而懊恼，思考假如时间可以倒流，一定要好好把握。在单位里，领导需要一个文笔好的人来写稿，找到你的时候，你觉得自己写不好，于是找个理由推托了。你的同事主动争取了这个机会，起初他写得不怎么样，随着时间的推移越写越好，最终得到领导的赏识，步步高升。重要外国客户来考察的时候，老板想找你当翻译，可是你觉得自己的口语很一般，不敢接受这个任务。你的同事却操着磕磕巴巴的英语和客户沟通，他逐渐被委以重任。

难道同事真的从一开始就能力过人吗？特别聪明的人和有智力缺陷的人一样，都属于少数，大多数人的智商相差无几。在同等条件下，一个人的思维模式决定了他可以走多远，因为思维模式决定了人怎么看待事物，以及面对不同事物时会做何反应。

美国斯坦福大学行为心理学教授卡罗尔·德韦克提出人的思维模式有两种，一种是固定型思维，另外一种是成长型思维。德韦克教授在30年前对“学生如何应对失败”这一课题进行研究，通过追踪数千名学生的行为表现，她发现当学生相信自己会变聪明时，就会认为努力会让情况变得更好，从而投入更多的时间和精力，最终结果自然会更好。

固定型思维：

（1）相信一个人是否擅长做某事是由先天决定的。

（2）认为自己遇到的困难是毁灭性的，更容易放弃。

（3）为了避免来自他人的评判而隐藏缺点。

（4）用故步自封的方式维持自信。

（5）找不到隐藏在内心深处的激情和目标。

（6）习惯用过去的失败定义自己。

（7）只关注结果，认为失败意味着浪费了时间和精力。

成长型思维：

（1）认为技能源于练习而不是全由天赋决定。

（2）遇到困难会觉得是对过程的检验。

（3）不怕暴露缺点，那只是需要改善的东西而已。

（4）勇于踏出舒适区，喜欢学习新技能。

（5）即便失败也不会一蹶不振，明白它只是暂时的。

（6）认为过程比结果更重要。

习惯固定型思维模式的人认为是否擅长做某事和先天因素有关，习惯成长型思维的人认为无论什么事情，只要通过反复练习就会得到提高。根据神经科学的研究，人类大脑的可塑性非常强，神经元之间的连接可以随着练习的次数增多而改变并加速传输神经递质，也就是练习的次数越多，大脑的相关区域就越发达。无论心理学还是神经科学的研究都说明，从固定型思维转变为成长型思维的过程中，我们的生理和心理都会发生变化。

不难发现，很多成功人士都拥有成长型思维。亲手创立京都陶瓷和第二电信两家世界500强企业的稻盛和夫在他的《京瓷哲学》里提到过京都陶瓷的“六项精进”，第一项就是付出不亚于任何人的努力。很多聪明人最后泯然众人的原因是过于依赖天赋而忽视了努力的作用，最后“伤仲永”。

多年前，在一个乡镇里有两个热爱写作的姑娘，小张和小王。

一开始小王写得比小张好，在别人眼里，小王是更有天赋的那个人。两人去到市里之后，发现写得比她们好的人太多了，周围有的人已经出了三本书，她们还在不断地收到退稿信。在这个过程中，小王日渐消沉，觉得自己天赋不如人，回到镇上开起了小卖部。小张却不断地向写得好的人请教，看知名作家的书，研究他们的写作手法，只要每一天写得比昨天好，她就很满足了。就这样过了几年，她的写作水平发生了质变，如今，她早已是知名作家。

同样是面对比自身更优秀的人，小王的思维模式让她觉得自卑，用远离的方式来维护自尊，小张却意识到优秀的人身上一定有值得自己学习的地方，像块海绵一样不断吸收他人的优点，逐渐补齐自己的短板。故事里的小张不是天赋异禀的类型，只是成长型思维让她得以把潜能完全发挥出来。

和固定型思维的人相比，成长型思维的人更在意的是在过程中能学到什么而不是最后的结果，失败不会对他们造成太大的打击。这不代表面对打击，他们不会伤心受挫，无论是固定型思维的人还是成长型思维的人都会经历同样的情绪体验，区别在于成长型思维的人越挫越勇，很快站起来。和智商情商同等重要的是逆商，这是一种面对挫折、摆脱困境和超越困难的能力。同样是面对困难和挫败，逆商高的人能够迅速调整心态，并从过往的失败中汲取经验，让自己得到成长。这样的人就是罗曼·罗兰在《米开朗琪罗》里写的“世界上只有一种真正的英雄主义，那就是认识生活的真相后仍然热爱生活”。他们是真正乐观的人，总是能够从负面的境况里看到光明。人的思维模式是多年以来逐渐形成的，很难改变，却也不是完全无法转变。

（1）时刻保持清醒，觉察你的固定型思维，一开始它总是会出现，时常阻止你去做很多事，只要它出现在你的脑海里，就马上按下“暂停键”。

（2）如果你的惯性思维再次说服你承认自己做不到，与其被它影响，不如尝试突破，用行动去引导你的思维，而不是让思维困住行动。

（3）在笔记本上或脑海中列出你要做的事情是什么，分析如果做成了会有什么好处，如果失败了，最差的结果是什么。

（4）在事情完成之后，找出自己的优势和劣势。

（5）在复盘的过程中逐渐明白有时候过程比结果更有价值。

尝试之后你会发现，你不敢尝试的事情没有想象中那么可怕。成长型思维就像一个助燃器，它会让你走向更广阔的世界，和更好的自己相遇。

3 有方向的努力才是正确的努力

你想要什么？

面对这个问题，许多人会一时语塞，脑海里闪过各种可能，却拿不定主意。就像去到新餐厅，看着菜单犹豫不决，于是转头问服务生：“有什么特色菜推荐吗？”我们的人生走向也是由一个个选择组成的，有的人习惯了把自己人生的选择权交给别人，抑或随大流在从众心理的影响下做出决定。从众行为很常见，会体现在方方面面，大到择业，小到买哪只股票，去哪里吃饭。

美国社会心理学家，同时也是格式塔心理学创始人之一的阿希曾经让数人围坐在桌旁对比两张卡片上的线段长度，这群人之中只有一个真正的被试，当人群中多数人给出了错误却一致的答案时，被试往往会改变自己的答案去跟随多数人。阿希在一年中反复进行“线段实验”，经过长期观察后他认为人在群体压力下会出现趋同行为，也就是从众。从众这种现象是指个体在受到外界人群的行为影响之后，不自觉地改变自己的判断和行为。引发这一行为的因素往往是以下3种：

（1）群体因素。身处规模越大、凝聚力越高、成员目标越一致的群体中时越容易从众。

（2）情境因素。受刺激物影响等。

（3）个体因素。通常青少年更容易从众，这个年龄阶段的孩子更容易以从众的方式去做一些日常不被允许的事情。更容易从众的成年人有3个特点：认知水平低；缺乏自信；从众的方向关乎自身利益。

从众除了放大个体的勇气，还会淹没个体的独特性，习惯性从众的人在生活中难免会显得不够个性，遇事游移不定。

张晓磊最近很纠结，不知道自己到底应该考研还是工作，想参考身边人的选择，但同学之中有投简历的，也有备战考研的，家里经商的室友更是劝他合伙做生意。面对众多选择，张晓磊多数时间都在思考自己想要的是什么，反而样样都没准备好，最后决定考研，却因为复习时间不够没考上。

在生活中，我们很容易遇到“张晓磊”，别人说读计算机好就业，他就选了这个专业；别人说当老师好，他就去当老师……别人的声音淹没了自己的声音，哪怕做起来力不从心依旧坚持，害怕跳出舒适圈。

“知道自己想要什么，并不是一件稀松平常的事。那是一件罕见的、难以达成的心理成就。”说出这句话的马斯洛是人本主义心理学的奠基人，著名的需求层次理论就是由他提出的。在他看来，人类的需求可以像阶梯一样从低到高划分为五个层次：生理需求、安全需求、爱和安全感的需求、尊重需求和自我实现需求。顾名思义，生理需求就是维持人类生理机能正常运转所需要的，如水、食物、睡眠等。人只有在满足了低层次的需求之后才能再上一层。基本的需求得到满足之后，我们才能够探寻自己想要什么，这是人类更高层次的需求，有些人活到中年才忽然醒悟，去追求自己的梦想，而有些人活了一辈子也没明白。

想知道自己想要的是什么，首先要做的是认识你自己。早在两千多年前，"认识你自己"这句话就被刻在了阿波罗神庙里。了解自己是一个自我觉察的过程，在这个过程中需要不断地思考，而深度思考的时候大脑会消耗大量能量，这并不是一个很轻松的过程。在你足够平静和放松的时候，很多深藏于潜意识里的想法会悄悄冒出来。对我而言，正念冥想是最行之有效的方法，即有意识地觉察当下所发生的一切，抱着观察的心态去注意它，不加任何评判与分析。卡巴金教授将正念冥想引入欧美之后又在其基础上设计了正念减压疗法，为病人进行压力和疼痛方面的辅助治疗。随后，心理学家将正念冥想和认知疗法融合，来解决抑郁症的相关问题。华盛顿大学的莱恩汉教授也研发了辩证行为疗法，正念冥想就这样随着时间的推移逐渐成为系统的心理疗法。我曾经参加过一个团体冥想班，每次上课必做的功课是冥想45分钟。对减缓压力和负面情绪均有效果，过程也很简单：

（1）在一个让你觉得安全、舒适的安静房间里坐下。

（2）闭上眼睛。

（3）用腹式呼吸的方式进行放松。

（4）把注意力放在你的呼吸上。

（5）无论过程中听到什么声音或者想起什么，都不要因它产生情绪。

（6）听到、想到之后把注意力重新放到呼吸上。

正念冥想的过程看起来很简单但做起来很难，当你真的安静下来时，会有一大堆想法源源不绝地升起，这时候你才发现原来你的心比毛线团还乱。当内心保持平静时，我们才更容易抓住自己的想法和感受。充分认识自己代表你很了解自己，了解自己之后，你才会知道什么是你需要的，什么是你想要的，你有没有能力得到你想要的，如果不能，你该怎么做。

不妨按照以下步骤寻找你的方向：

（1）写下你想做的20件事。

（2）删掉其中你没那么想做或者做不到的事。

（3）删掉17件事，只留下3件。

（4）设定做成这3件事的期限。

（5）把目标分为几个节点来进行细致规划。

（6）每完成一个节点的任务，就对自己进行奖励。

有了规划之后，就像在陌生城市开车的时候有了导航，你需要做的就是走下去而已。当然，我们想要的东西并不是一成不变的，小时候想要一个四驱车玩具，长大了想要辆车，只有足够了解自己才能准确把握人生的方向。正如山本耀司所说："自我这个东西是看不见的，撞上一些别的什么，反弹回来，才会了解自我。所以，跟很强的东西、可怕的东西、水准很高的东西相碰撞，然后你才知道自我是什么。"

这个世界的节奏越来越快，活得足够清醒才能更快地找到属于自己的方向。

4 找到自己的时区

纽约时间比加州时间早3小时，但加州时间并没有变慢。

有人22岁就毕业了，但等了5年才找到稳定的工作。

有人25岁就当上CEO，却在50岁去世。也有人50岁才当上CEO，活到了90岁。

有人30岁还单身，也有人早已结婚。

有的人走在你前面，有的人走在你后面，身边的人都在走着属于自己的路。

不用嫉妒或嘲笑他们，每个人都有属于自己的时区。

每个人都有属于自己的步调。从小到大，在我们身边总会有这样的一类人，他们头脑灵活，学东西也快，明明应该是跑得最快的，但是成绩始终平平，反而有些理解事物慢半拍的人成绩稳步提升。

在大家熟知的寓言故事《龟兔赛跑》中，兔子跑得很快，一开始就把乌龟远远甩在身后，半途它停下来打盹，想着反正睡醒再跑几步就到终点了，乌龟连影子都还没看到，不可能赶上来，结果兔子睡醒的时候，乌龟已经爬到了终点。聪明的人就像故事里的那只兔子，优势明显，更有潜力。因为理解能力强，他们学一项技能或者摸清某种规律会比别人更快，这让他们得以尝试很多新鲜事物，却又容易感到厌倦和烦躁，于是常常转换跑道，最终并没有做出很大成绩。

小江是一个很聪明的人，学什么都很快，他想做互联网行业就去做了，很快就掌握了其中的门道，眼看公司越来越好，他突然觉得没意思，转而改做餐饮，没过多久他的店成了整条街生意最好的，但他觉得餐饮行业太累，于是把店转给了别人。他换过很多行业，如果在其中一个行业固定下来，会有不错的结果，可他就是无法坚持。和他同期创业的朋友多年来始终只做培训行业，虽经历一番波折，但如今已经开了多家分支机构。

常言道，“不积跬步，无以至千里；不积小流，无以成江海”，靠着聪明一个人可以发展得不错，可是如果想把自己的优势发挥到极致，坚持更重要。即使智商高如爱因斯坦和霍金，也需要日复一日地钻研，才能取得那样高的成就。能够坚持的人往往是因为有目标，让人孜孜不倦地坚持的动力主要源于内在动机，而不是外在动机。

可以简单地把内在动机理解为能够完成特定目标对个体来说本就是一种奖赏，过程中会收获良好的情绪体验，顺利完成之后可以得到巨大的成就感，因此不需要额外的奖励，在没有外在正向或负向刺激的前提下也能够激发这种行为。内在动机的外在表现通常有以下4点：

（1）自发地想去做某件事且不惧挑战。

（2）愿意为这件事付出额外的时间和精力。

（3）往往会呈现出“沉迷”的状态，生活中其他事情都为其让步。

（4）在这方面取得一定成绩后依旧热衷于它。

与之相反的是外在动机。顾名思义，外在动机的出发点在于外界诱因，如各种形式的奖励或者惩罚，特征如下：

（1）想去做某件事的欲望强弱和外在奖励的大小呈正相关。

（2）是否持续做这件事主要由外界诱因控制。

（3）当奖励减少或者没有奖励时，个体对这件事的兴趣减弱，进而影响最终结果。

前段时间，我找两个朋友帮忙回复树洞邮箱里的邮件，邮箱里塞满了来自陌生人的倾诉，我的朋友们一封接一封地回复，不知疲倦，他们觉得做这件事情很有意思，既能帮助别人，自己也开心。但如果反过来，如果要求他们每天回多少封邮件，回邮件就变成了一种任务，他们便不再能够体会单纯助人的快乐。

不仅是成年人，对于小孩子而言也是这样。曾经有一群小孩喜欢去一位独居老人的院子里玩耍，他们的嬉闹声让老人不堪其扰。有一天老人想出了一个办法，他给了每个小孩一个硬币，告诉他们只要来玩就会给他们钱，持续了一段时间之后，老人不再给他们钱了，小孩们就不愿意来他家玩了，觉得没有奖励还去老人家玩很吃亏，从此老人重获清静。

“回邮件”的例子是因为内在动机而出现的行为，“老人”的例子则是因为外在动机的变化导致行为的变化。两种动机并不是割裂开的，通常是并存的，外在动机也可以促使个体形成内在动机。一个人可能最初因为外部刺激去做某件事，经过“同化”和“顺应”两个步骤将外在动机内化成自身认知结构的一部分，自然就变成了内在动机。例如，家长送孩子去学钢琴，孩子起初是不情愿的，但是不得不听家长的，随着学琴的时间变长，孩子在其中找到了乐趣，反而自愿加长练琴时间。

这就是内在动机驱动和外在动机驱动的不同。仅仅有动机还远远不够，还需要有执行力，不妨试试“21天法则”：

（1）拟定你想养成的新习惯，如每天跑步一小时。

（2）计划刚开始的时候，控制住自己的新鲜感。跑够一个小时就停下，不要超时。

（3）适应节奏之后，会开始想偷懒，这时要用行动代替想法敦促自己执行计划。不想跑步的那天，到了跑步时间依然让自己换上跑鞋出去走走，让自己进入那种状态，惯性使然，便很容易完成当天的跑步计划。

（4）坚持到第21天，新习惯基本养成。

这就是行为心理学中的“21天法则”。有的人培养一种习惯也许不需要21天，有的人也许需要2个月，无论时间长短，在坚持的过程中都能够获得成就感和对生活的掌控感，让人变得更自信。人的大脑和身体肌肉一样，都是可训练的，经过一段时间的训练，惯性会推动你一直去做同样的事情。

5 今天与明天：如何打败拖延症

堆在水槽里的碗筷不想洗。

下周要交的报告懒得写。

快考试了，要复习的内容还没看。

……

这些都是生活中常出现的情况，明知道有事要做，却总是一拖再拖，很多时候我们总觉得还有时间，不着急。可是越拖越焦虑，为了缓解焦虑开始追剧，和朋友闲聊，即使心里一直有种隐约的担心，也还是提不起劲儿去完成，直到时间所剩无几才逼自己一把。但是有些事拖着拖着就不了了之。

某天一个朋友打电话给我，说他想写一本小说，但是写了三年还没写完。我问他，你每天写多少字？他的回答是每天不到十个字，每当他坐在电脑前，他就会开始刷帖子、聊天、看视频，总之就是不写小说。

为什么人会拖延？很多人会不假思索地说出是因为懒。其实懒只是表面现象，拖延背后有着深层的心理原因。不妨从行为主义的角度来解释，我们在做每一件事的时候都遵循着“动机—行为—结果”这一规律。

动机：内外动力。

行为：受动机驱动而做的行为。

结果：做出行为后，周围环境乃至社会给当事人的反馈。

讲到这里就不得不提“自我效能”这个概念，也就是认为自己有能力执行特定行为以达到期望目标的信念。

它不仅会影响我们做事时的毅力和努力程度，还会影响我们在追求目标时的身体反应。自我效能高的人焦虑水平会比较低。做事容易半途而废的人多数属于自我效能低的类别，比如我这位尝试写小说的朋友。他并不是因为多喜欢写小说，只是觉得写小说是他实现目标的途径之一，除了写小说，他还尝试了很多别的事情，如录视频、直播等，都没有坚持下来，归根结底是不相信自己有能力达到目标。

日常小事的拖延也许不会造成太严重的后果，可是当这种拖延变成了一种习惯，会对我们的生活造成不同程度的影响，有的人更是因此错过了人生中的重要机会。

李小姐是某家公司的部门主管，这家公司里，大部分和她平级的人是研究生学历，而她是本科学历，考个研究生会让她更有优势。于是，李小姐在忙碌的工作之余备考在职研究生。她总会用工作太累、还有时间等理由来安慰自己，哪怕快考试了，也依然三天打鱼，两天晒网，直到考试的时候书都还没看完，不出所料，她没考上。她也因此没有得到升职的机会。

出现拖延都是因为不想做某件事，但不是所有拖延都是逃避。拖延分为主动拖延和被动拖延。简单来说，主动拖延的人对自己是有信心的，拖延是在对事物非常有把握的前提下做出的选择；而被动拖延是出于害怕、破罐子破摔的心态去逃避某些事情的无奈之举，即便他们不想拖延，也会做出拖延的行为，并承受着内心的煎熬。这种情况只是持续几天就会让人感到不舒服，如果持续长达数年的时间呢？总是被动拖延必然会导致事情的结果不如人意，随之产生的沮丧感会让人渐渐绝望，相信自己真的做不到，自我效能感越来越低，陷入习得性无助的怪圈。当然，不是每个人都会这样，也有人能够逆风翻盘。

如今已经事业有成的齐先生，回忆起那些年的自己，总是感慨当初浪费了太多时间。年纪尚轻时，他听从了父母的建议，大学专业选择了自己并不喜欢的商科。因为实在不喜欢，开学没多久他就开始逃课，临近期末考试的时候，身边的同学都在认真复习，他却整日窝在网吧打游戏，直到考试前一周才开始看书，几年下来，差点毕不了业。毕业之后，他去了父母希望他去的单位上班，“身在曹营心在汉”，自然无心工作，领导交代的任务他老是一拖再拖。最终，忍无可忍的领导把习惯性拖延的他辞退了。

在父母的责骂声中，他开始思考，再这样无所事事，他到底会变成什么样，难道真的要浑浑噩噩一辈子吗？他不愿意这样，把自己关在房间三天之后，他做出了一个决定，从家里搬出去。这是他摆脱父母控制的第一步，也是他走向自律的开始。他运用自己设计的特长在家接活，成了一名自由职业者。

一般来说，如果一个人做事习惯拖延，成为自由职业者并不是好的选择，因为自由职业意味着没人监督，没有考勤，没人告诉你应该做什么，你付出多少是和你的收入直接挂钩的。需要有很强大的自制力才能把这份职业做好，不然只有“自由”，没有“职业”。

可是，成为自由职业者之后的齐先生彻底改变了。

每天的时间他都安排得很妥当，该做的事情从不拖延。他之所以会有这么大的变化，无非是因为之前无论是学业还是工作，都不是他自愿选择的，他并不喜欢，这种不喜欢反映到行为上就是得过且过，在工作上没有动机也没有行动，结果是被辞退。就像我们身边那些迟到早退的同事，他们的内心对自己所做的工作是厌倦的。

成为自由职业者则是齐先生主动选择的，换句话来说是他所追求的，也就有了动机，不用催促也动力满满，这个过程中成功接到活儿，得到甲方的赏识，他在无形之中增强了自信心，就更愿意为之奋斗。

除了找人监督自己，以下办法可以让我们打败拖延症：

（1）设定一个目标，但不可以是高不可攀的，而是稍微踮起脚尖就能够到的，既需要努力，又不会因为难度过高让人想放弃。

（2）在完成一个个目标的同时，要及时奖励自己，就像幼儿学步时，父母及时的鼓励会让孩子更乐于尝试。

齐先生在改变的过程中不知不觉就做到了这两点。拖延总是和逃避结伴出现，也许是逃避成功，也许是逃避失败，但逃避只会让事情变得越来越复杂。拖延换来的自由像是在钢索上起舞，让人惴惴不安，唯有自律才能让你体会真正的自由。

第六章

解构友情与爱情：人际交往中的“为什么”

1 突破防御，学会“需要”

你和最好的朋友是怎么认识的？也许是认识多年的同学，也许是相交甚密的旧友，也可能是一见如故的新朋友，总之，一定是最懂你的那个人。我们每个人都需要朋友，因为有些想法不愿和家人讲，有些话不想和爱人说，这些埋在心里的秘密却可以通通告诉朋友，哪怕他们不知道该说什么，也愿意在半夜接到你的一个电话就出来。

人对朋友的需求源于人类是社会性动物，天生就有“亲和需要”。亲和需要指的是建立友好亲密的人际关系，寻求他人接纳和喜爱的需要，是哈佛大学教授麦克利兰提出的成就需要理论中的三种需要之一。

麦克利兰教授认为，在生存需要基本满足的前提下，人最主要的需要是成就需要、权力需要和亲和需要。

成就需要高的人追求成功，凡事希望做到最好，往往会有以下特点：

（1）合理评估过后，会不断给自己设定较有难度的目标，在不断完成目标的过程中得到满足。

（2）不相信运气，十分信任自己的努力，遇到困难不易退缩，相信办法总比问题多。

（3）不喜欢等待，延迟满足差，往往希望能即时得到反馈或回报。

权力需要高的人喜欢事事在自己掌控之中，不喜欢被他人掌控，往往有以下特点：

（1）如果条件允许，更愿意事事亲为。

（2）喜欢发号施令。

（3）享受竞争。

亲和需要高的人更在意是否被他人喜爱和接纳，往往会有以下特点：

（1）渴望社交。

（2）经常性的社交活动会让个体感到愉悦。

（3）擅于与他人打交道。

三种需求孰高孰低因人而异，不变的是主需求得到满足之后会追求更多。

比如，亲和需要高的人很迫切地希望能够交到更多朋友，哪怕让他们去一个陌生的城市，甚至陌生的国度，他们也会以最快速度认识新朋友。这样的人必然有他独特的性格魅力，却也离不开在交友方面的一路顺遂。一直以来得到的正面反馈让他更热衷于交友，以得到持续的满足感。对他们来说，不渴望有多大成就，站到多高的位置，只希望有三五知己常伴身边，他们的亲和需要越得到满足，就越会向往友情。生活中不乏这样的例子。

李涛就是这样的人，他在单位勤勤恳恳地工作了几十年，职位不高，小日子却过得很乐和，工作之余总会买点小酒小菜和朋友聚上一聚，喝喝酒，聊聊天。除了常聚在一起的老朋友，他去家附近新开的卖场逛几次也能轻易交到新朋友。朋友多了当然有好处，每当李涛需要帮助的时候，总有朋友帮他。

可是，并不是每个人都如此幸运，有些人曾经遭受过朋友的背叛，信任被击碎后，就会竖起一道防御墙。

园园原本是个很热心的人，一直真心待人，和她交往的朋友无不夸赞她。但在过去的几年中，她数次和朋友合伙做生意，偏偏合作伙伴不是在紧要关头消失，就是与她因为利益反目，接二连三的打击改变了她对友谊的看法，曾经那么重视朋友的人如今认为友情是不牢靠的，朋友是不可信赖的。这种想法不断被现实事件强化之后，园园的防备心变得很强，逐渐变成一个“不需要”朋友的人，就算自己一个人做事情很累，她也不再与任何人合作。

和园园有类似经历的人不在少数，这样的人是孤独的，他们压制了亲和需要，转而满足成就需要理论里的成就需要和权力需要，从此醉心于事业上的成功。这类人在一开始被伤害的时候，也许心里想的是如今的努力是为了以后能出口恶气，把当初背叛自己的人踩在脚下，想看到对方后悔的样子。等他们真的站到了事业顶端之后，却发现自己早就可以对当初的伤害一笑置之，重新交起了朋友。这是很常见的心态变化，毕竟人的需求会随着年龄、境遇的变化而改变。

正如耶鲁大学组织行为学教授奥德弗在马斯洛需求层次理论的基础上提出的ERG理论。

E（existence）：生存需要。衣食住行等基本的生理和安全需求。

R（relatedness）：相互关系。保持重要人际关系的需求。

G（growth）：成长需要。对于个人成长方面的内在愿望和自我发展的需求。

和成就需要理论一样，从ERG理论的角度来说，三种需要同样有高低之分，具体高下因人而异。

奥德弗教授认为，当个体在更高等级的需要中受挫之后，较低等级的需要会有所增加。这也是为什么园园在友情中反复受挫后一心扑在事业上。还有的人在眼下最重要的需要得到满足之后，转而关注其他需要，如在衣食住行的需要得到满足后开始追求精神生活，或在功成名就之后比从前更渴望友谊，毕竟保持重要人际关系的需要是在和其他需要相互作用中满足的，是对社会需要的满足。

无论如何，不要去压制自己的需求，学会突破防御，找到真正的至交。这并不难。

（1）把过去的经历和现在剥离，敞开心扉。

（2）和认同彼此观念的人交朋友，可以省去很多潜在矛盾。

（3）和同理心强的人交朋友，能够站在对方的角度去看问题。

（4）保持开放的态度，认真倾听。

这几点看起来很简单，但如果能够找到观念一致、愿意理解他人、能够耐心倾听的人做朋友，你将是一个非常幸运的人。当然，最重要的是自己首先卸下防御心理。

如果你是很擅于交朋友的人，恭喜你；如果你是对友谊心怀恐惧的人，请再尝试一次，愿你的“最佳损友”一直都在。

2 如何找到适合的朋友

你一共认识多少人？翻翻微信好友列表，可能有几百、几千个，但是这么多人中，真正熟悉的有几个，能被称为很好的朋友又有几个，每个人给出的答案都不同。

来自牛津大学的人类学家罗宾·邓巴根据猿猴的智力和社交网络推论出人类智力允许个人拥有的稳定社交人数为150人。这150人仅仅是指一年至少联系一次的人。微信好友中，会有很多几年都不曾聊天的人，也会有不少只在逢年过节时问候一句的人。那么，联系频率高、深度交往的朋友有几个呢？答案是20个左右，其中真正能称得上至交的只有那么几位，这些朋友都是经过筛选之后，最适合我们的。

于茫茫人海中，我们能够找到适合的朋友，背后也有一定的规律。

最重要的是人格层面的吸引。人格是在先天遗传和后天环境的有机互动之中形成的，是个体能力、气质、性格、需要、兴趣、动机、价值观和行为习惯的有机整合，可以简单把人格理解为个性。

每个人的人格在遗传、生理、家庭、学校和社会的影响之下会呈现出独特性，其中童年期又是人格形成的关键期，从小在鼓励中长大和从小被打压责骂的人长大之后所呈现出的性格特质会有所不同，如自信程度存在差异。所以，成长环境相似、个人经历类似的两个人更容易成为密友。

在生活中，我们总能看到喜欢旅游的人身边会有很多喜欢到处飞的朋友，喜欢钓鱼的人身边有很多一起钓鱼的同伴，人以类聚。那成长环境差异巨大却一见如故的人呢？

春秋战国时期，伯牙奉命出使楚国，途中在海上遇到风浪，遂在山中躲避，兴之所至，坐在月光里抚琴，蓦地发现远处有一人，吃惊之下琴弦断了一根。远处那人连忙解释自己是柴夫，很喜欢他的琴声，听着听着就入了神，没想到惊扰了他。

伯牙并不认为一个普通柴夫能听懂，于是问柴夫自己弹的是哪首曲子，柴夫脱口而出他所弹奏的是孔子赞叹弟子颜回的曲谱，不仅如此，他还能听懂琴声所表达的内容，说出他手中瑶琴的来历。伯牙喜出望外，和柴夫约定了来年中秋再聚，隔年，当他故地重游，却始终不见柴夫的身影，一番询问后，才得知柴夫已经去世了，他坐在柴夫坟前最后一次弹起《高山流水》，曲毕，伯牙碎琴。唯一懂自己的听众不在了，他不愿再弹琴。这个柴夫就是钟子期。

知音难觅，两人的故事得以流传千年。伯牙是晋国上大夫，身居高位，钟子期只是山野老农，他们能够成为知音，离不开“懂得”二字。

在人际关系中，我们会有被理解的需求，如果长期得不到理解，孤独感将与日俱增，这也是为什么伯牙格外珍重钟子期。这种理解是在沟通的过程中累积的，两个人能够成为无须多说对方也能懂的好朋友，离不开前期的沟通。

沟通也分为有效沟通和无效沟通，有效的沟通具备以下两种特征：

（1）表述准确。能够清晰地表达，话语简洁，重点突出，同时确认对方能够正确理解。

（2）氛围良好。沟通的过程中态度是开放真诚的，不暗含主观看法或抵触情绪。

与之相反的无效沟通往往是因为在过程中出现了沟通错误：

（1）频繁打断对方说话。

（2）主观臆测对方的想法。

（3）过于敏感，把对方的正常话语当成对自己的攻击。

（4）在谈话过程中总想“赢”，把沟通当成辩论赛。

（5）在情绪的牵引下，扩大范围，不再就事论事。

（6）用消极回避的方式结束沟通。

可是就算双方性格类似、沟通顺畅，依然有不少人在友情中总有一种挥之不去的距离感，好像怎么都找不到那个让感情加深的契机。

艾伦和张骅成为朋友的时间不短了，他们出身背景相似，也聊得来，但两个人始终觉得彼此之间的关系隔着一层，不远不近。有一次，艾伦和女朋友聊到张骅，说："其实他人不错，但很多时候我遇到麻烦事并不愿意和他讲，不知道为什么会这样。"他的女朋友想了想，问了他一个问题："你们是不是只分享快乐，遇到困难都不会告诉对方？"艾伦这才意识到他和张骅从来没聊过让自己感到痛苦的事情，也不曾向对方寻求帮助。

对朋友关系而言，请求对方帮能力范围内的小忙，会成为这段关系从熟悉走向真正交心的突破点，有时候抱着"不好意思麻烦别人"的想法交往反而会让关系处于走不近的状态。

根据马斯洛需求层次理论，在生命、安全、物质方面得到基本保障后，个体会转而追求让自己能够得到良好心理体验的感受。向朋友请求帮个小忙既解决了麻烦，也满足了对方被认同的需求，从某种程度上来说，他人的认同有助于强化自我认同，而自我认同有利于保持情绪平稳，变得更加自信，能够更好地看待和接纳自己和外界。

朋友之间适度的互相帮忙能够让双方感觉到被需要和被认可，感情也在一来一往中变得深刻，朋友是“麻烦”出来的。

想要找到适合自己的朋友，以真诚为前提，那个和你性格接近，沟通顺畅，你不怕麻烦他，他也不怕麻烦你的人就是你要找的知心好友。

3 边界不可退让

过年的时候，你有没有被亲戚们问过什么时候带恋爱对象回家，什么时候准备结婚、生孩子？

换了新工作的第一天，有没有同事来打听你的家庭情况？

排队付款的时候，陌生人挤到你身边，手臂几乎贴着你的手臂，你是否很想躲开？

这些行为或多或少让人觉得不舒服，这种感觉源于我们的个人边界被侵犯了。个人边界是指个人所创造的准则、规定和限度，以此来分辨什么是合理的、安全的。个人边界决定了别人如何对待自己是可以被允许的，以及当别人越过这些界限时自己该如何应对，包括身体和心理两个方面。

从身体层面来说，美国人类学家霍尔博士把人际交往中的空间距离分为4类：

亲密距离：两者距离45厘米之内，通常是和亲人、爱人、熟悉的朋友。

个人距离：两者距离约为一臂长，45厘米到120厘米，通常是和不太熟悉的人。

社交距离：两者距离120厘米到360厘米，通常发生在较为正式的场合。

公共距离：两者距离360厘米以上，通常只存在于讲座、演唱会等场合。

在自己身边保有一定的空间距离是刻在人类基因里的需求，野生动物会有标记领地的天性，我们在进化过程中也继承了这一习性。

心理学家曾经做过实验，阅览室里每次只有1名被试，当他进入阅览室之后，心理学家随即坐到他身边，80次实验之后，只有2名被试没有换到新的位置，余下的78名被试都重新选择位置，远离陌生人。

由此可见，当一个和你很亲近的人站得离你很近时，你不会觉得别扭，如果是一个陌生人挨着你，你会很想和对方拉开身体距离，因为他冒犯了你的身体边界。而亲戚们在过年时问你的私人问题，同事打听你的家庭情况等，则是冲撞了你的心理边界。无论身处哪种人际关系，我们都会有个人边界，只是在有些关系里，两个人的边界会有更多融合的部分，如恋人、夫妻、亲人、朋友之间。有些人认为，既然两个人是好朋友，就应该亲密无间，何必见外。殊不知，适当的边界感更有利于关系的发展，如果不懂得尊重他人的边界，往往会破坏一段关系。

杨小姐和赵小姐原本是好朋友，可是杨小姐和熟悉的朋友说话时很喜欢用“你怎么这么笨”这类句式，每当她这么说的时候，赵小姐都会觉得心里不舒服。次数多了，赵小姐很认真地和杨小姐说，自己并不喜欢别人这样讲话，杨小姐却觉得“我不过是开玩笑嘛”，依旧我行我素，于是两个人渐行渐远。

赵小姐和杨小姐起初能够成为好朋友，必然是因为在对方身上体会到好的方面，随着交往深入，两人渐渐疏远，则是因为个人边界上的冲突。赵小姐拥有清晰的个人边界，她了解自己的感受，知道自己不应该被这样对待，在感到被冒犯的时候她选择了保护自己。

和赵小姐、杨小姐这种双方在边界上有冲突的友情相反，有一类友情过于亲密，双方边界很模糊。

电视剧《我的前半生》里的罗子君和唐晶是好闺密，但她们之间几乎没有个人边界。剧中的前半部分，罗子君是一个依赖性很强的人，依赖丈夫，依赖朋友。唐晶对罗子君也总是抱着“我不能不管她”的想法，无论唐晶在工作还是在约会，罗子君只需要打一个电话，就可以让唐晶放下一切来帮她解决问题，哪怕只是很小的麻烦。陈俊生要和罗子君离婚，唐晶跑去和他说“你不能和她离婚”，但两人最后还是离婚了，唐晶还是一个明里暗里去破坏闺密家庭的人。

这样的朋友组合在生活中并不罕见，一个习惯依赖的人，常常会有一个很照顾她的好朋友。这样的友情看似仗义，后果是过度卷入对方的生活，某些时候会无法区分那些情绪和需要来自自己还是对方。同时，关系中的过度依赖会逐渐让被依赖的一方心理压力越来越大。假设你的好朋友和罗子君一样，总是在你忙的时候让你帮他做点什么，你会不会觉得不耐烦？可是你每次都帮他了，突然不帮好像又说不过去，况且这个朋友平时对你也不赖。无形之中，这段友谊让你反复陷入矛盾的状态，甚至有些愧疚。这些情况正是由彼此没有清晰的心理边界引发的。

心理边界也被称为心理界限，它能够帮助个体建立适合的心理空间。在空间之内，人会感到舒服自在，如果有人尝试挤压他人的空间，对方会感到焦虑痛苦。当我们还是一个婴儿的时候，并没有“我”这个概念，随着成长，我们学会了区分你、我、他，这也是学习成为一个独立的人的必经之路，如果没有这个过程，成年以后依然保持“婴儿”般的内在世界，会导致很多行为障碍和严重的心理问题。有了“我”的概念，我们的内心也就有了属于自己的“王国”。国与国之间是非常重视自己的领土和权力的，两个国家能够建立长久的良好关系，离不开彼此尊重与合作，放到人际交往中同样也是，彼此都不侵犯对方的边界，才能让关系处于和谐舒服的状态。

不擅于守住自己边界的人，往往会有以下3种特征：

（1）习惯性退让。当自己的利益或感受被侵害的时候，为了避免冲突不敢提出异议。

（2）不敢提要求。出于恐惧，不敢麻烦别人。

（3）不够独立。在日常生活中习惯性依赖他人，做决定时以别人的意见为主。

如果你也是这样的人，不妨通过以下方式去修复个人边界：

（1）培养边界意识，关注自己在不同情境下的情绪变化，信任自己的感受。

（2）当别人让你去做你不想做的事情时，注意区分哪些是你应该做的，哪些事情你拥有拒绝的权利，拒绝时坚定而温柔。

（3）如果别人的行为或者话语让你觉得不舒服，不要习惯性选择消极的应对方式，如逃避，而是用平和的方式与对方进行沟通，不带任何负面情绪。

（4）找到内心的依托，可以是真正想追求的自我或者事业，内心有了依托就有了底气，才有足够的勇气去拒绝。

坚持原则，直接拒绝一点也不可怕。照顾好自己的感受，才会有多余的心力去照顾别人的情绪。两个人互相尊重，了解彼此的边界，才能拥有真正健康持久的友谊。

4 如何延长友情的保质期

“很多东西今生只可给你，保守直到永久，别人如何明白透。”

那个陪你走过年少时光，无话不谈的朋友，如今还在你身边吗？你们彼此见证了对方由青涩变成熟，却在人生趋于稳定的时候走散了。也许因为工作越来越忙碌，也许因为各自有了家庭，你们之间的共同话题越来越少，偶尔寒暄却始终有层隔阂，你的生活中发生了许多事情，他也认识了不少新朋友，你们互不知晓对方的现状，也不知从何说起。

不少人说，真正的友谊不需要言语，即使多年不见，再见面的时候，感情也会一如往昔。可当你见到一位疏于联络的老朋友时往往会发现，现在你们能聊的话题所剩无几，更多的是维持表面的客套。

雍正皇帝素来以冷酷闻名，对于办事不力的大臣毫不手软，哪怕对方是他的亲弟弟，可他唯独对和他同父异母的和硕怡亲王胤祥完全信赖，下放了大部分权力给他，甚至给予他超乎祖制的待遇。得到厚待的怡亲王也尽心尽力做好一切，他比雍正早几年离世，雍正悲痛不已，原本集中在怡亲王一人手中的权力也分配到了多个人手里，以相互制衡。雍正在位短短13年，却让国家比康熙时期更富强，也为乾隆打下了厚实的基础，其中当然也离不开怡亲王的努力和付出。帝王之家的高度信任本就罕见，而让他们之间的情谊延续一生的是他们有着共同的政治抱负，并共同为之努力。

能够持续多年的情谊都离不开两点：其一，两个人的思想层面始终在同一高度；其二，他们始终保持深度互动。

深度互动让两人变得亲近是因为随着互动，自我暴露从表面移到深层，也就是有意识地向对方展示真实的自我。自我暴露是信任关系建立的标志，若对方做出同样水平的自我暴露反应，是接受信任的标志，这段关系的亲密性开始建立。美国人本主义心理学家罗杰斯用3点来概括这种亲密性：

（1）能够向朋友表露自己的思想情感和内心秘密。

（2）对朋友充分信任，相信对方会尊重自己，而不是指责或反对。

（3）这种亲密性仅限于少数密友和知己之间。

变得亲密的过程中同样需要经营磨合，彼此包容。有些人无论在爱情还是在友情中都喜欢照顾对方，其中有一部分人会有些强势，他们认为“我是为了你好，你要按我说的去做，我不会害你的”。这种人确实主观上不会对别人不利，却忽略了对方当下是否需要。

何静和赵琳琳是多年的朋友，人到中年的赵琳琳经历了失业、离婚的连续打击，有些萎靡不振。何静看在眼里很着急，不停地给她介绍工作，替她安排相亲。赵琳琳觉得有些不堪重负，说：“我手头上还有些存款，想先休息一阵。”何静依然每天叫她出去，一旦被拒绝，就觉得对方不领情。时间长了，赵琳琳不再接这位老朋友的电话。

眼看着对方落入低谷，作为朋友当然要尽力帮忙，但态度过于强硬，很有可能既无法帮助对方，也会失去朋友。

在心理咨询中，来访者意识到自己想要得到帮助，才会有改变的动力。在人际关系中也是这样，抱着“我是为你好”的想法强迫对方听自己的，接受你的好意，只会适得其反，在伤害到对方的同时也伤害到自己。

我明明是好意，怎么会造成伤害呢？

这要从动机说起，它关系到行为的发端、方向、强度和持续性。我们做每件事情的背后都会有动机作为内驱力，无论自己能否意识到。表面上看是帮助别人，但实际上有可能是为了自己。这和自我体验有关，它是伴随自我认识而产生的内心体验，是自我意识在情感上的表现，它反映了主我的需要与客我的现实之间的关系，也就是真实的自己和他人或社会评价和期待之间的关系。客我是否符合主我的期待，决定了个体会产生积极还是消极的自我体验，前者是自我满足，后者为自我责备。

因为追求自我满足而强行帮助对方的行为并不罕见，在帮助的过程中，对方同样能感觉到背后的动机，他们会隐隐约约感觉到这种帮助似乎是带着某种目的，因此不自觉地远离，赵琳琳正是如此。

与之相反的是过度依赖朋友的帮助，进而放弃自己成长，这是过度放任和过度索取之间相互作用导致的。在走投无路的时候能够得到帮助当然是好事，但是稍有困难就等着别人帮，对己对彼都不是好事，正如那句谚语——救急不救穷。

张磊创业初期成果还不错，但近一两年因为各种因素不断亏损，银行贷款都快还不上了，转而向身边的朋友借钱。一次同学聚会，他和当年最好的哥们儿吴天重新联系上了，眼见吴天的生意做得很大，张磊开口问他借钱进行周转，吴天也很爽快，马上转了几十万元给他，说："先用着，不着急还。"张磊很感激，但由于公司的资金缺口还是很大，在半年内他前前后后问这位老同学借了将近两百万，却没还一分钱。这让吴天有些不高兴，不再借钱给他。张磊不高兴了，还发了脾气。

吴天出于好意提供帮助却带来了不好的结果，撇开张磊是否懂得感恩的因素，这种结果是由吴天不适度的帮助带来的，张磊前后的态度变化是因为过程中产生的认知失调。

社会心理学家费斯廷格曾长期观察某教派成员，发现他们在一直坚信的预言没有实现后，信仰破灭，为了减缓心理落差，改信新的预言。费斯廷格于1956年在其著作《当预言失灵》中提出认知失调的概念。它是指当一个人的行为与一贯以来的自我认知相冲突时，会产生不愉快的情绪，为了摆脱这种感受，个体会想办法把冲突降到最低，通常会选用以下4种办法，这里以张磊为例：

1. 改变对事情的看法，让它与行为一致。（自己需要钱，吴天已经借给了自己很多钱。）

2. 调整正面认知的重要性。（把注意力从吴天不愿再借钱的方向上移开，转向吴天曾经多次慷慨解囊。）

3. 减少选择感。（从银行都借不到钱了，但吴天愿意借给自己，还不设定还款时间。）

4. 改变行为。（寻找能让生意好起来的办法，而不是继续依赖别人。）

调整了认知，意识到自己的不妥之后，张磊上门向吴天赔礼道歉，并承诺每个月固定还一笔钱，此后也遵守承诺，两人的关系缓和不少。

5 为什么你会喜欢这个人

从小到大，我们和数不清的人有过或深或浅的互动，这些人里，有些只是点头之交，有些成为我们的朋友，有些成为我们的伴侣，有些则变成了我们所讨厌的人。在和别人互动的过程中，我们也越来越了解自己，不知道你们有没有想过，自己喜欢过的人都有什么共同点？是有相似的性格，一样的喜好，还是类似的长相？

你遇到这么多人，却偏偏喜欢他，是有原因的。而这个原因是可以用心理学原理解释的。

“可视性原则”是美国社会心理学家布兰登提出的概念，是指对一个人的内在特质的理解和认可。如果说“爱”是情感、心理、生理上对对方的高度依赖，那么对对方内在的高度认可是其基础。布兰登教授认为，多数人都渴望真正了解自己，但因为角度的限制，我们对自己的了解不一定准确，我们需要通过和别人的互动来看到自己，对方就像一面镜子一样，反射着我们的内在。

出于这样的需求，越符合可视性原则的人我们就越喜欢，可以分为3个阶段：

（1）有没有熟悉感。

外貌特征：我们最容易有好感的是有着和我们同一类长相的人。

对外在事物的喜好：你喜欢养宠物，他也喜欢；你喜欢喝咖啡，他也喜欢；你喜欢英语说得好的人，他正好英语不错；等等。

价值观接近：怎么看待某个人，对某个新闻有什么看法，等等。如果你们对很多事情的看法一致，更容易对对方产生好感。

（2）性格是否适合。

性格差异的大小：适当的差异会不断拓宽两个人的世界。

喜欢还是厌恶这种差异：一个人很爱干净，一个人很邋遢，彼此不能接受这种差异的属于无法互补，如果喜欢彼此的差异，则是互补。

（3）双方是否成熟。

即是否拥有独立人格。和没有独立人格的人在一起容易变成共生关系，对感情百害而无一利。

第1阶段越契合，我们就越容易被这个人吸引。喜欢一个人就会想去了解他，随着接触越来越多，我们逐渐走进对方的内心。这时候，有些人会让你越来越喜欢，而有些人，会让你怀疑当初的选择，这是因为第2阶段出了问题。

张乐乐为人很热情，只要有时间就喜欢和朋友在一起，每次她都希望丈夫宋守可以陪她去，但屡屡遭到拒绝。宋守很内向，喜欢自己待着，不喜欢和陌生人接触。张乐乐希望他和自己一起去参加朋友聚会，是觉得和朋友在一起很快乐，希望他也能够感受这份快乐。宋守却觉得：你明知道我不喜欢，为什么还要勉强我？时间长了，这对夫妻从一开始的互相迁就，渐渐变得心生不满，彼此不再让步，两个人都想做自己。僵持不下的结果就是两人的关系跌到冰点。

其实张乐乐和宋守都没错，只不过两人性格差异过大，又无法互补，最终导致这样的局面。在生活中还有些情侣或者夫妻，看起来也是两种性格的人，他们不会觉得彼此不适合，而是谁也离不开谁，这是什么原因呢?

从表面上看，这类伴侣和性格不合的情侣一样，都是性格截然不同，但是有一点是不同的，这类伴侣恰好拥有对方内心深处所缺失的特质，能够在对方身上看到自我的另一种可能性，完美契合前文所说的第2阶段。

“好好小姐”楚然受成长环境和后天经历的影响，变成了一个不敢对别人说“不”的人，可是在内心深处她很讨厌这样的自己。她的前男友和她一样也是很好说话，有些唯唯诺诺的人，两人在恋爱过程中从不争吵，但平淡沉闷的关系让楚然在步入婚姻殿堂前退缩了，直到遇到了现在的丈夫。他总是可以顺畅地表达自己，遇到不情愿的事情就直接拒绝，这是楚然第一次觉得自己离不开对方，也逐渐学会了说“不”。

楚然之所以会这样，是因为丈夫的性格是她内心所渴望的，对她的吸引力自然更强。相处的过程就是两个人互相影响的过程，她和丈夫在一起，自我意识被唤醒，发现拒绝别人也没有想象中的那么难，开始尝试去拒绝，内心所压抑的情绪得到了释放，逐渐蜕变成理想中的自我。一段好的感情会让人成为更好的自己。

但是，第3阶段才是真正决定一段感情质量的关键所在。当我们和朋友相处的时候，只能看到自己的一部分；和恋人相处的时候，我们能看到更全面的自己，因此，摩擦也会变多，内心力量不足、不够成熟的人甚至会出现退行现象。退行是自我用来防止焦虑的一种防御机制，当个体遇到挫折或刺激时，过度的焦虑让个体的心理活动退回到较早的年龄阶段，以相对幼稚的行为来应对当前情境。恋爱中的退行表现首先是情绪化，个体总是因为对方或大或小的言行产生情绪波动，喜怒哀乐转化非常频繁。

梁笑笑从小就是传说中的别人家的孩子，在父母的严格教育下考上了名校，进入了行业内的头部公司，人生顺风顺水。外人看来，她总是意气风发的，似乎从来没有烦恼。可是，她的每段恋情都不长久，总是谈了一段时间就被甩了。问起来，前男友们给出的说法很一致："你太情绪化了。"

其实，平时看起来很理智阳光的人一谈恋爱就变成这样，往往是因为在童年时期没有和养育者建立健康的依恋关系。依恋是指儿童和父母或其他养育者之间形成的正向情感联结，人生早期的依恋模式会影响个体此后和他人建立关系的模式。

心理学家爱因斯沃斯通过对婴儿在陌生情境中的反应的研究将亲子关系分为3种类型：

（1）安全型关系。养育者在关系中对孩子关心、负责，能够给予足够的肢体接触和情感回应，孩子在关系中感到稳定和亲切。

（2）焦虑—矛盾型关系。养育者对孩子的需求不是很敏感，孩子易出现分离焦虑，不能很好地适应陌生环境。

（3）回避型关系。养育者对孩子很不负责，相对地，孩子对养育者的情绪反应也不大，倾向于回避与他人变得亲密。

在恋爱时，我们很容易把童年时期的不良体验投射到对方身上。虽说早期的依恋模式对成年以后如何处理亲密关系的影响很大，但依恋模式不是终生不变的，除了爱人的有效陪伴，通过爱来疗愈之外，还可以从认知行为模式的角度来进行调整：

（1）观察自己的行为。

（2）识别情绪化的背后没有说出口的诉求是什么。

（3）用平和的方式将自己真正的诉求告诉对方。

（4）和对方讨论你希望他怎么做。

当你逐渐适应这种思考、沟通的方式时，它会取代原本的用情绪波动来表达的形式。最好的感情状态不就是在爱他人的过程中也遇见自己，疗愈自己吗？

6 什么是假性亲密关系

刚进入一段亲密关系的时候，双方为了展示最好的自己多少会有些“伪装”，随着交往时间的推移，彼此渐渐袒露真实的自我。和这种普遍情况相反的是两个人始终在关系中保持一定距离，表面看起来很和谐，实际上双方之间存在着不可逾越的鸿沟。

秦先生和秦太太在外人眼里是恩爱多年的夫妻，时常有年轻人向他们讨要维护关系的秘诀，私底下秦太太也常常夸赞丈夫是完美的老公。打从结婚起，秦先生把妻子照料得无微不至。秦太太起床之前，一杯温水已经放在了床头柜上，浴缸里的水温度也正好。秦太太忙完工作，平时爱看的杂志和切好的水果也已经放在了桌面。时间长了，她也想为对方做点什么，可是每次提出都被回绝了，只得到“你安心被我照顾就好”这样一句话。某个周末，秦太太想再赖一会儿床再洗澡，没料到丈夫板起脸开始抱怨，她只好安抚几句，起身走进浴室，秦先生的情绪这才好转。

看完这对夫妻的例子，你是否感觉他们的关系有些异样？好像哪里不对，缺了点什么。这就不得不提及假性亲密关系的概念，它不是真正的亲近，而是形式上的亲密，就像秦先生和秦太太，外在照顾做得很周到，但两个人回避沟通，没有表达真实的想法，更没有彼此接纳，只是沿着原定剧本“演”下去。

假性亲密关系是两人为了逃避真正亲密的过程中产生的不确定性而共同建立的防御机制。既然是共同建立起来的，在关系当中的人都有其固定角色。可以是一方总是楚楚可怜，等待被帮助，另一方持续提供帮助；可以是像秦先生和秦太太这样，一方表演“完美先生”，另一方扮演台下观众的角色；可以是一方不断要求，另一方无底线地满足。如果其中一方尝试打破这种平衡，关系也有了真正变得亲密的机会，但处于假性亲密关系中的人往往会为了维持和谐的局面重新进入原来的角色。他们之所以采取这种模式，是为了回避失控，他们害怕因为关系发生变化引起的恐慌和焦虑，表面的和谐安定以及关系的可预测性会让身处假性亲密关系里的人感到安全。这种关系表面一派平和，实际上是隔离，也就是情感禁闭。

情感禁闭（brain lock）在神经科学领域原意是大脑锁定，也被称为“大脑冻结”，是指说话的过程中忽然忘词、忘记一件熟悉的事情的下一个步骤等现象，放到亲密关系当中，是指双方在交往过程中不自觉地逐步达成协议，让感情始终处于麻木疏离的状态。因为不敢面对真正在乎一个人所带来的风险导致的焦躁情绪，在摈弃情绪的同时拒绝付出感情，将健康的关系带向假性亲密关系的方向。

黄华因为自幼父母的影响还有后天的经历，对人性抱有极大的怀疑，每段感情伊始，他就认定结局是不好的，自己肯定会被伤害。在这种想法的驱使下，他面对女友时始终保持着让他觉得舒服的心理距离，启动情感禁闭。他舒服了对方就不舒服，无法适应这种模式的女友离开了，他会觉得“你看，果然和我想的一样吧”。之前陪在他身边的林洁原本性格活泼，在适应这种模式之后，也像他似的保持不远不近的距离，同城的两个人平时几乎不联系，每隔几个月会出去吃饭、看电影，节日也会互送礼物，但是他们并不了解对方的个性和生活，这段感情持续了两年，最后以林洁提分手而结束。直到遇到新男友，林洁才意识到和黄华那段怎么都走不近的感情有多压抑。

无论秦先生还是黄华的例子中，假性亲密关系都是对感情的缓慢吞噬，其成因通常是在人生早期的关系中没有习得什么是真正的“爱”和“安全感”，也未曾与他人建立过深度联结。英国发展心理学家约翰·鲍比在20世纪50年代提出关于人为了寻求安全感而亲近另一人的心理倾向的理论——依附理论。英国比较心理学家哈利·哈洛在此基础上用恒河猴做了一个著名实验，他把刚出生的恒河猴从母猴身边带走，并为小猴子提供了两个玩偶，不同的是第一个玩偶由铁线制成，第二个由橡皮和毛衣制成。通过实验观察，无论有没有食物，恒河猴幼崽都会选择靠近柔软的玩偶且相对放松。

此后，美国心理学家安斯沃斯对人类婴儿进行实验研究：在2个月至18个月的婴儿和母亲单独相处的时候，让陌生人介入，母亲离开。当母亲对孩子的反应足够敏感时，孩子的反应比较平和，更愿意和陌生人接触；如果母亲对孩子的反应比较麻木，孩子会明显呈现出焦虑或哭闹的状态，这种情感反应的过程分为三步：反抗—失望—回避，心理学家们据此将婴儿分为安全型、回避型、抵抗/矛盾型。因为成人的依恋风格被认为是幼年时期发展起来的，成人在恋爱过程中的依附模式也分为安全型、回避型、焦虑型。

例如，前面提到的秦先生，他的依附模式并不健康，从小只有在满足父母的需求时才会被注意的他已经习惯机械化地照顾别人，在亲密关系中依然采取这种方式。表面看起来他总是在付出，但这种付出是为了满足自己而不是妻子。他一边付出，一边觉得自己不被重视，总是为别人做事，秦太太也会觉得只要不按丈夫的安排行动他就不高兴，因而倍感压力。

想要改变假性亲密关系，不妨按照以下5个由心理学家总结出来的步骤进行：

（1）发现。发现、识别自己在亲密关系中的负向情绪，并正视它。

（2）修复。意识到回避和别人建立深度联结并不能让焦虑和不安全感消失，隔离情绪只会在日后造成更严重的伤害，学会坦诚，尝试和对方一起面对和解决问题。

（3）授权。通过解决问题赋予自己力量，相信自己能够承受感情的不确定性。

（4）选择。尝试选择新的方式替代原有的处理模式，去和他人建立联结。

（5）互助。建立联结后，把付出是否有回报的想法和对失去的恐惧放到一旁，学着以更健康、对双方都有益的方式维护感情。

第七章

执念带来的内心冲突：极简心理学

1 断舍离：如何给人生做减法

近几年常被提起的“断舍离”最初是由日本人提出的现代家居整理方法，它的主旨是不要想着丢掉某件东西很可惜，真正应该考虑的是这件东西是否合适自己，主角不是物品，而是自己。

断，对于那些自己不需要的东西，不买不收。

舍，处理掉堆放着不需要的东西。

离，远离物质诱惑，放弃对物品的执着，让自己处于宽敞舒适、自由自在的空间。

日剧《我的家里空无一物》中的女主麻衣把断舍离的概念贯彻到生活里，她只保留生活必需品和她真正喜欢的东西，她的妈妈和外婆却秉持着完全不同的观念，在她们看来，好好的东西扔掉太可惜。直到一场大地震之后，她们才开始重新审视和这些物品的关系，扔了一通之后，家里只剩下少得可怜的物品，她们反而过得比从前快乐多了。

乔布斯的房间里只有一张床垫和一个供他冥想的蒲团。他认为极简的环境更有利于他的思考，这种理念也被他带入苹果旗下产品的设计之中。

也许这种做法对普通人来说有些激进，但根据自身情况进行适度的“断舍离”并没有什么不好。比如，房子是我们度过人生大半时间的地方，室内整洁与否在无形中影响着人的情绪，不整洁的空间让人更容易焦虑，尤其对于有孩子的家庭而言，凌乱的房子不利于孩子养成良好的行为习惯。凌乱不堪的房间往往是因为杂物过多，有些东西舍不得扔却也用不上，越堆越多。随着社交媒体和短视频App的风靡，商家的产品推广途径也层出不穷，直播带货的折扣让人觉得不买就是亏，在信息轰炸之下市场情绪被带起来，深陷其中的人常常会买一些自己并不是很喜欢也不是很需要的东西，有时候连标签都没拆就放在家里积灰，下次看到类似的东西却还是想买。从几百块的东西到昂贵的“大件儿”，欲望越来越大，需要的钱也越来越多，有些人因此开始网贷。高额利息像滚雪球一样，不用多久就超出了他的偿还能力。

其实，这种得到了反而想得到更多的心理在某种程度上来说属于人类的共性，除了自己想要，很多时候我们是受外界和心理的压力影响而走上不停更新换代的道路。

法国哲学家丹尼斯·狄德罗从巴黎大学毕业以后一直没有固定职业，父亲停止资助之后，他的生活更是陷入困顿。某天他的朋友送了一件做工考究的睡袍给他，狄德罗很喜欢这件睡袍，总是穿着它在书房里走来走去。可是走着走着，他发现房间里的地毯过于破旧，和睡袍不搭，把地毯换了之后，又觉得过于破旧的房子配不上崭新的地毯……后来，他把这种拥有了好东西之后又想把其他东西一起升级配套的心态变化写成了一篇文章：《与旧睡袍别离之后的烦恼》。两个世纪之后，哈佛大学经济学家朱丽叶·施罗尔在《过度消费的美国人》中根据狄德罗的文章提出了一个专指人们在拥有一件物品之后，不断配置与其相适应的物品，以达到心理平衡的新概念，将其命名为配套效应，也称狄德罗效应。我们应该怎么做才能让自己不陷入狄德罗效应的旋涡呢？

（1）当脑海中冒出“我想要什么”的想法时，不妨思考一下“我不想要的是什么”。

（2）遇到很想要的东西或者很想做某件事的时候，可以像玩放置游戏一样，暂时把它放下，等那种冲动情绪过去之后，如果想法没变，再去做。

（3）给自己设置一条线，例如，每个月只能花多少钱或者只能花多少时间去做某事，如果没过线可以给自己相应的奖励来正强化，过线了也有相应的惩罚来负强化，从而把行为控制在固定范围内。

（4）长期实践以上3个步骤，会把“想要”和“需要”分得很清楚，对诱惑的抵抗力也会得到提升。

狄德罗效应有利的方面是可以让人更有动力追逐自己想要的事物，但更重要的是启示我们有些非必需的东西可以不要，因为要了第一件，来自外界的和心理上的压力会让我们不断接受更多非必需的东西。这和“断舍离”

的理念不谋而合。什么是非必需的东西？小到一件衣服，一通不想接的电话，大到一份事业和某段关系，如果身在其中的时候你并不舒服，越来越不快乐，说明那是你应该舍弃的。无论是物品还是感情，抑或关乎人生的决定，都是旧的不去，新的不来。不舍弃一些，我们的人生就无法进行新陈代谢。

“断舍离”的终极意义就是要以自己为主体。过去和未来都不是最重要的，我们拥有的只有现在，在断舍离的过程中，对你而言最重要的东西会逐渐浮现，不断清晰，你会变得更加珍惜如今所拥有的一切。丢掉不舍和执着之后，那种前所未有的轻松感会让你发现更真实的自己。

2 执着的心理机制

在生活中，似乎越怕什么越来什么，如睡觉之前总担心第二天上班迟到，明明早起了，却阴差阳错还是迟到了。多了几次这种体验之后，一旦开始担心某件事，我们就会被更强烈的不安包裹，其实这种想法并不是毫无道理的。

美国工程师爱德华·墨菲为了测试人类对加速度的承受极限，将16个加速度计悬空装置安装在受试者上方以进行减速超重实验，在此过程中墨菲发现，安装的人有一定比例将16个加速度计悬空装置全部装错，他据此提出了“墨菲定律”：只要某件事情发生的可能性大于0，只要持续的时间够长，次数够多，总有一天会发生。如果我们时常担心某种情况发生，那么它就更有可能发生，因为我们开始担心某件事情的时候，说明此刻在我们的大脑中，焦虑情绪处于主导地位。紧张的情绪会让我们血液中的皮质醇增加，加速消耗体内的葡萄糖，进而影响我们的思维。要知道，大脑的运转需要消耗大量的氧气和糖分，这也是为什么当我们陷入焦虑的时候难以集中注意力，注意力过于分散会干扰我们的行为，也就更容易出错。

不仅如此，情绪还会影响我们看待事物的角度，同一件事，因为情绪不同我们所看到的也不一样。同样是走在大街上，你心情好的时候，看到陌生人的表情都是舒缓的，你心情不好的时候，看到更多的是他们紧绷的脸。因此很多时候，我们的选择是在情绪的驱动下做出的，但我们总以为是理性的决策。

我在网上看过这样一条新闻，有一个没有工作的中年男人，在郊区租了套房子，靠向亲友借钱度日。他每天都从郊区坐地铁去到市中心的书店看书，某天他在书店看到了一个女孩，只一眼他就觉得自己深深地爱上了她，在他看来，女孩也喜欢他，只是过于害羞。于是他在附近的地铁站张贴手绘的寻人启事，但其实两个人从未说过话，不过是擦肩而过的陌生人。最后他还去法院意图起诉女孩，理由是偷走了他的心，意料之中，他递交的起诉书未被受理。

新闻播出后，有些人觉得这个男人很痴情，有些人觉得他很可怕。其实，这种病态迷恋更接近心理学里钟情妄想的定义。抛开这种病理性执着不说，其实大多数人都会有执念，有的人执着于友情，有的人执着于亲情，还有的人执着于爱情。可往往一个人越执着于什么，就越得不到什么，一心追寻纯粹友情的人总是被背叛，渴望白首不相离的人总是遇上对感情不真诚的伴侣。

种种执念都指向了同一个词：恐惧。

试想一下，你只有没得到，才会想要。小时候想考满分，因为我们还没有得满分；长大了想升职加薪，因为我们还没有得到理想职位。和这些只要努力就有可能得到的事物相比，人与人之间的情谊并不是努力就能得到的，也许我们付出了很多，最后还是一无所获，这种不确定性才是恐惧的来源。人际交往就像手里的那把沙子，握得越紧漏得越快，你是什么样的心情会影响你所看到的大街上的人，同样地，如果你想抓住一段关系，你的焦虑和紧张会悉数传递给对方，这种微妙的负面影响会在无形之中增加对方的心理压力。而你受自身情绪的影响，会变得吹毛求疵，也许那件事原本他只需要做到70分你就满意了，但是现在哪怕他做到99分你也不会满足。对人是这样，对事也是这样，这种心态会加速你所在乎的事物分崩离析，因为不确定是不是能得到好的结果，所以更想死死抓住，在这个过程中逐渐形成执念，进而养成过度思考的习惯。

过度思考也就是反刍思维，这种思维会让人把注意力集中在消极事件上且不断进行各种负面假设，一遍遍反刍，把自己带入负性情绪的深渊，深陷其中的人往往会出现无法集中注意力的情况，即便在做非做不可的事情的时候也会常常产生侵入性思维，把日常工作生活的节奏打乱。去掉执念要从我们的内部开始，当你放平心态，不再害怕失去，自然就不会患得患失，只有这样才能心无旁骛地做好自己该做的，尽人事，听天命。如果你尽力了，还是没有好消息，那不是你的错，正如王家卫的电影《东邪西毒》里的那句台词："当你不能够再拥有，你唯一可以做的，就是令自己不要忘记。"不要忘记不同于念念不忘，也不等于执着，不正确的执念往往会让人痛苦无比。如果你认为自己被困于执念的桎梏，不如用以下技巧来调整：

（1）执念所带来的种种想法升起时，不要因为"自己不应该这样想"的看法而去压抑它，试着去接纳。

（2）抽离出来，把这些想法当作别人的，站在第三者的角度去看。

（3）一旦从客观的角度去看待问题，就能够识别出来哪种情况是很有可能发生的，哪种情况只是过度想象。

（4）问自己为什么会担心那些很有可能发生的事情，找到真正的原因。

（5）找到原因之后，判断如果这件事成真，对你造成的影响是否和想象中一样严重。

（6）找到对你来说真正重要的事情并将它完成，来取代原来那些“重要”的事情。

你所执着的那些事只是曾经发生过，仅此而已。无论好坏都接纳，把它化为成长的养分，才能让那些经历变得有意义。

3 打破未完成情结

《一个陌生女人的来信》是奥地利作家茨威格的代表作之一，这本小说曾多次被翻拍成电影。小说的女主角从小没有爸爸，和妈妈相依为命，母女二人过着拮据的生活，男主角的出现就像一道光照亮了她的世界，作为知名作家的男主角，成熟，富有，才华横溢，这一切都让还是个少女的女主角无比迷恋。后来女主角无意中怀了他的孩子，又独自生下孩子，为了提供优质的生活条件给这个孩子，女主角成了交际花，她一再拒绝向她求婚的男人，只为了有一天能在作家身边。后来，她的孩子死了，她也在临死前写下一封长长的信给作家，作家看完信后却仍然没想起写这封信的女人是谁，他从未记得她。故事讲到这里就结束了，在女主角短暂的一生中，她并没有真正和作家在一起过，也正因为这样，她对他有一种无比强烈的执念，所谓“得不到的永远在骚动”。

20世纪20年代，心理学家契可尼招募了一批志愿者，让他们做一些如写下最喜欢的诗、从55倒数到17等22项只需要几分钟就可以完成的事情，中途契可尼会随机让一半被试停止手上的任务，截止时间到了后，她让被试依次回忆刚才做的是什么事情，被打断的被试中有68%能够准确回忆，顺利完成任务的被试只有42%能够说出做了什么。很明显，人们对未完成的工作记忆鲜明。她据此提出了契可尼效应，又被称为蔡加尼克效应。我们对生活中发生的未完成或者被迫中断的事情总是念念不忘也是因为未完成情结在作祟，得不到是一种未完成的状态，人天生会更关注未完成的事情，就像情侣中被甩的一方总会想，我们说好了要去做什么还没做，越想就越放不下。那些没有被充分体验的情绪和情感会留存在潜意识中，也会时不时出现在意识层面，更有甚者始终走不出来，对生活造成很大阻碍。除了对爱情执着，几乎每个人都会对某样东西执着，有些人对名利执着，有些人对遗憾执着，越得不到越想要，终日在执着里徘徊，直到被执着困住。

执念升起就像打开潘多拉魔盒。古希腊神话中，宙斯把一个宝盒送给名叫潘多拉的女孩，反复告诫她千万不要打开，宙斯越叮嘱，她越好奇，终于有一天潘多拉把盒子打开了，人类的罪恶因此跑到人间。这种越不被允许去做一件事，偏偏越好奇，忍不住想去做的心理被称为潘多拉效应。好奇心和逆反心理会强化一个人去接近和了解某件事，未知的事物有一种魔力，越是不了解的东西越让人想去了解，因为有着不确定性，这种不确定性意味着神秘。正如有时候我们会想，如果当初没有那样做会不会一切都不一样，我们会觉得有另外一种可能性，即使实质上两种做法导致的结果并没有什么不一样。小说里的女主角对作家的执念始于好奇，在遇见作家之前先看到了他那一屋子的书，这种好奇驱动着她去想方设法接近他。她很清楚作家风流成性，不可能为她停留，却义无反顾地单恋了十几年，这个过程中与其说她爱的是作家本人，不如说她爱上的是她幻想中的作家。

当我们对事物执着的时候，我们的注意力也会更多地偏向它，从而忽略了客观事实，在这个过程中我们会有无数的假设和想象，逐渐沉溺其中。这个过程是另外一种形式的成瘾。假设一个人对某种遗憾有着很强的执念，当他看到一丁点儿弥补这种遗憾的可能性，他就会很兴奋，而对弥补遗憾的想象也是一种自我安慰，他的大脑同样会兴奋，当一个人习惯了这种兴奋，他的神经内分泌会推动他继续沉沦。在执着的过程中，我们付出的大量时间精力让我们更加无法放手，因为沉没成本过高，放弃代表着我们过去付出的所有都白费了。人害怕损失，这就是为什么有人即使赌到倾家荡产也还要继续赌。但是，当你意识到一件事没有坚持的必要时，及时放弃才能把损失控制在最小，不及时止损只会错上加错，耽误你去做真正对的事。

有些遗憾很容易弥补，如对一个人念念不忘，那就去见他；对没学某项技能有遗憾，那就去学。等真的见到那个人，也许你会发现你并没有想象中那么爱他，只是回忆让你戴着滤镜看他；而学会了某项技能，执念也就消失了。但是有些遗憾是由于无法弥补，譬如后悔没有多陪伴已过世的亲人，或者曾经犯下的改变人生轨迹的错误，等等，更容易放不下。有些人害怕这种痛，于是想尽办法去回避与此相关的一切，强迫自己去忘记。现在，试一下和自己说不要去想象粉红色的大象，重复三次，好了，你现在正在想什么？所以说，强迫自己去忘记反而会在无形中加强执念。

想减弱对“未完成事件”的执着，请按以下步骤进行练习：

（1）不要刻意去否认、压抑对“未完成事件”的种种情绪，勇敢地面对自己的内心。

（2）找到健康的、适合你的释放途径来排解情绪。

（3）当你准备好的时候，和过去认识的人沟通，或者故地重游，弥补曾经的缺失。

（4）如果现实不允许，可以用想象、写信、一个人对话的方式把过去想表达的事情和内心的遗憾说出来。

（5）通过练习以上步骤，对“未完成事件”的情绪会有所缓和，最重要的是把过去和现在分离，找到新的想做的事。

面对自己的真实想法并不容易，整个过程可能会反复无数次，可也只有这样，才能真正接受现实，才能真正放下执念。

4 如何正确应对压力

我们在生活中常会见到“压力越大越晚睡”的现象，工作压力大的时候，加完班回到家，哪怕已经很累了也不愿意去睡觉，而是做一些能让自己放松的事情，如打游戏、刷视频。这种现象从表面看起来是因为想放松，实际上可能是防御机制启动的表现。

刚升职的赵飞自从接管新项目以来，睡得越来越晚，哪怕躺在床上了，依然在想很多事情，既担心自己新官上任不能把项目做得很完美，又常常回想白天的工作经历，如果发现哪里做得不够好，就更睡不着了。好不容易熬到睡着，早上也总会早醒，坐在床上发呆半小时才起来洗漱，收拾完毕也要深呼吸几次才拖着沉重的步伐去上班。这种充满压力的生活状态让他长出不少白发，工作表现也越来越差。

从某种程度上来说，赵飞每天结束了繁重的工作之后选择熬夜，是因为潜意识很抗拒连续在高压之下工作的状态，但暂时又无法改变，进而从意识层面推动自己去熬夜，形成“离第二天还有很久”的错觉，属于用逃避的方式应对压力。与此同时，赵飞担心自己做得不够好，这种想法会加大他内心的压力，这种由较高水平的自我期待导致的焦虑和紧张往往是失眠的诱因。压力在心理学上的定义是个体认为自己无法应对环境要求时产生的负面感受和消极信念，根据压力倒U曲线，我们的工作效率会随着压力水平的变化而变化：当压力很小的时候，效率会很低；适中的压力状态下，效率是最高的；当压力过大时，工作效率又会回到很低的状态。显然，赵飞的工作表现变差是因为当下所承受的压力已经超负荷。

面对压力，我们通常会选择战斗或者逃跑，这是人之常情。1929年，美国心理学家坎农提出了著名的“战斗或逃跑反应”，这是一种个体在感受到压力时，由下丘脑主管的神经系统和内分泌系统产生应激反应而呈现出来的状态。当压力让我们感到紧张的时候，这种情绪会刺激人体分泌肾上腺素，它会使人呼吸变快，心跳加速，血流速度加快，瞳孔放大。这种原始的生理反应不仅仅会出现在人类身上，动物也不例外，这些生理反应能够让我们在很短的时间里做好战斗或者逃跑的准备。虽然肾上腺素能够提高瞬间爆发力，但是也会导致血压增高，心律失常等不良反应。除了战斗或者逃跑，难道没有其他方式了吗？

李涛的工作性质很特殊，平时需要住在上班的地方，一个月只能外出几天，有时候工作太忙，经常几个月都不能离开。很多同事都因为这个原因辞职了，他却坚持了下来。李涛不是感觉不到压力，而是“心很大”，他并没有把压力当回事儿，下班之后和同事吃饭聊天就能让他轻松不少。

从李涛的例子可以看出来，他既没有和压力对抗，也没有选择逃避，而是适应压力，和它共处。美国斯坦福大学的健康心理学教授麦格尼格尔曾在一次演讲中提出一种观点：压力对你的健康产生的有害影响是可以避免的，你怎么思考和怎么行动可以改变有关压力的经历，当选择认为应激反应对你有帮助时，你就从生理上创造了勇气；当选择在压力下与他人产生联结时，你可以创造适应能力。麦格尼格尔教授曾经认为压力会使人生病，哪怕是小感冒，也可能在极大的压力之下发展成心血管疾病，但一项持续8年的研究改变了她的看法，研究组在项目伊始问了3万美国人两个问题：

（1）你去年感受到多大的压力？

（2）你是否认为压力会对你的健康造成影响？

8年后，研究人员通过查询公开记录确认了这3万人中的死亡人数，他们发现，那些认为压力会对健康造成影响且感到压力很大的人，死亡风险同比提高了43%，同样承受巨大压力但不认为压力会对健康造成影响的人的死亡率没有明显变化。由此，麦格尼格尔教授提出一个新观点：当你改变自己对压力的看法的时候，你会改变身体对于压力的反应。

当我们的体内因为压力分泌肾上腺素的时候，呼吸、心跳加快通常会被认为是紧张，紧张情绪会导致血管收缩，长此以往可能会诱发慢性病或者心血管疾病。但如果我们学会和压力共处并体会到它的益处，哪怕心跳依然很快，血管也是处于放松状态，这种状态下的应激反应能够让人处于健康的水平。美国哈佛大学曾经做过一次实验，在被试接受社交压力测试之前，让他们相信面对压力时呼吸变快是为了让大脑得到更多的氧气，心率加快是为了应对即将发生的情况，之所以会出现应激反应是因为身体在帮自己做好准备。当被试接受了这种看法时，压力水平随之降低，信心水平也得到提高，在社交情景中表现得比无压力状态下更擅长交际。因为体内分泌的应激激素除了肾上腺素还有催产素，这种神经激素会轻微地提高我们的亲和需求，让人更想去亲近和关心他人。不妨回头看李涛面对压力时的应对模式，他的减压方式是和同事吃饭聊天，可以说这是在应激激素的推动下产生的以减缓压力为目的的社交行为。

综上，除了战斗和逃跑，还可以通过改变对压力的看法来减轻压力。从心理层面改善高压状态之后，更重要的是从现实层面着手：

（1）写出你需要实现的最终目标。

（2）细化目标。

（3）列出事前需要准备的事项。

（4）把可以独立完成的事项和需要他人帮助才能完成的事项区分开。

（5）学会向他人求助，如果因为感到紧张而无法开口，告诉自己这是你的身体在为你的求助做准备。

（6）每完成一个小目标都及时对自己进行奖励或者认可，直到实现最终目标。

遇到带给你压力的事情，理清思路是解决问题的开始，改变对压力的传统看法，问题就已经解决了一半。

5 用感恩唤起积极情绪

很多时候，幸福与否与我们看待世界的角度有关，从不同的角度看同一件事，结论大不相同。在生活中，我们会遇到只能记住不好的事情的人，也会遇到总是记住好事并且心怀感恩的人。巧合的是，记住消极情绪体验的人往往会遇到更多不好的事情，而记住积极情绪体验的人常常被人认为很幸运。

最近几年江婕总觉得自己很不顺，相恋数年的男友提分手，在工作中又遇到瓶颈，和同事的关系也处理不好，接踵而来的挫折让她认为自己是全世界最倒霉的人。

为什么自己总是遇到坏人？这种想法让她看待周遭事物的眼光越来越负面，直到某天夜里接到前男友打来的电话。时过境迁，两个人终于可以心平气和地聊天，“你知道当时我为什么会提分手吗？”前男友问江婕，原来男方认为江婕总是盯着他做得不够好的地方指责他，却忽略了他的好，好像不管怎么做，都不可能得到她的认可。通完电话，江婕忽然想起了自己的妈妈，从小到大，妈妈对她也是只有指责，她在潜移默化中习得了这种方式来对待身边人。痛定思痛后的江婕，决定改变自己，多记住别人的好，渐渐地，和同事的关系也变好了。

有些人因为各种各样的原因变成了“不知感恩”的人，在这种心态指引下行事风格也越发显得自私，让自己的生活变得一团糟。学会感恩会让生活变得更好，这不仅仅是“鸡汤”，从积极心理学的角度来说，感恩会让一个人出现方方面面的转变。

顾名思义，积极心理学这门从人本主义而来的心理学分支是从积极的角度去看待问题的心理学，兴起至今仅20余年，已经获得广泛认可。其中积极情绪是积极心理学的重要研究方向，当个体不断增强积极情绪体验时，就会逐渐培养出积极的人格特质，这种人格特质会让我们保持乐观的心态，从而体验到更强烈的幸福感，在不知不觉中做出让人际关系更和谐的行为。

根据自我决定理论，我们的行为分为自我决定行为和非自我决定行为，一个人在充分了解自己的需要和外界信息之后做出的选择属于自我决定行为，反之则是非自我决定行为。驱动我们做出自我决定行为的动机是由内驱力、个人需求和情绪混合而成的。前文例子中的江婕从前是一个消极情绪体验非常多的人，也就是说她的人格特质中有很消极的一面，这种情绪和惯性推动她去做出种种行为，江婕做出改变以后境遇也随之改变，并不是没有科学道理的。

来自美国加利福尼亚大学的埃蒙斯教授和来自美国迈阿密大学的麦卡洛博士曾经以感恩对身体会造成怎样的影响为主题进行研究。他们招募了一批被试，以一周为期限，要求其中三分之一的人每天记录让自己心怀感恩的事情，另外三分之一的人则每天记录让自己生气难过的事情，其余三分之一的人每天只记录事情，不记录情绪。一周后，埃蒙斯和麦卡洛通过对实验结果的横向对比发现，记录值得感恩的事情的被试情绪更积极，身体也更好。常怀感恩之心的人不容易对药物成瘾，不易发胖，心血管系统也更健康。此外，神经学科的研究人员也对被试进行脑磁共振扫描，发现当被试产生感恩的想法时，激活负责调节激素分泌的下丘脑的同时，前扣带回皮质和内侧前额叶皮质都会变得更活跃，前者会影响我们亲社会行为的多寡，后者则和情绪、行为管理有关。因此，即便是从脑科学的角度而言，感恩的确会令我们的大脑发生变化，从而产生积极情绪，进而做出友善的举动。

埃蒙斯教授同时也是《积极心理学杂志》的主编，他出版过一本叫作《感恩：成功花朵的快乐种子》的书，在书中，他对感恩会带给我们怎样的变化进行了系统的研究。埃蒙斯教授把感恩分为两个阶段：

（1）发现生活中美好的事物，并记住它的存在。

（2）接纳来自外界的善意并表达感恩。

向他人表达感恩可以增强人际关系中的亲密感，促进关系的发展。对方接收到你感恩的言语信号之后，他的尊重需求会得到满足，根据马斯洛需求层次理论，每个人都有被欣赏和尊重的需要。因此，表达感恩的同时，你的内心也会产生满足感。

这么多年以来，何扬对自己所经历的一切很满足，他向来是个乐天派，阳光外向，似乎从来没有烦恼，即使是相识多年的朋友，也很少见到他情绪低落的时候。某天，一位新认识的朋友问他："你为什么总是那么开心？"何扬想了想，也说不出个所以然来，只知道自己向来记恩不记仇，他记得谁对自己好，哪怕来自陌生人的举手之劳也会记住，也记得曾经发生在自己身上的好事。在他看来，感恩对自己好的人是应该的。

何扬的好心态很让人羡慕，如果你暂时做不到也无妨，感恩之心本来就是可以通过训练产生的，只需遵循以下步骤多加练习，你也可以拥有积极的感恩心态。

（1）每天至少记录一件让你心怀感恩的事情，哪怕只是微不足道的小事，如同事帮你带了一份早餐。

（2）当你认为某件事值得你感恩的时候，及时向对方表达谢意，无论他是你的亲人，还是陌生人。

（3）学会感恩自己，每当你做成一件事或者帮助了别人，在心里对自己说声谢谢。

每个人的境遇不同，但境遇有时候可以随心而转，正如那句“你是怎样的人就会看到怎样的世界”，当你成为一个懂得感恩、拥有积极人格特质的人，身边的氛围也会与它形成共振。

6 如何获得内心的自由

人们都向往内心自由。

有些人一路走来很顺利，该上学的时候好好上学，该工作的时候好好工作，你问他们快乐吗，他们觉得还行，再问他们内心自由吗，他们说不自由。对他们来说，上学时读的专业不是出于喜欢，而是因为这个专业好找工作；毕业以后的工作也不是自己喜欢的，只是父母认为这份工作稳定；等到了所谓该结婚的年龄，就和一个说不上多爱但合适的人在一起。一直以来，他们在努力变成一个别人希望他们成为的人，满足了父母的期待，获得了别人的认同，唯独没有满足自己。当一个人活在别人的眼里、嘴里，他的心是不自由的。内心自由的人更多是为自己而活，他们很明确地知道自己想要的是什么，该怎么做才能得到，做好规划，默默前进。

英国小说家毛姆的《月亮与六便士》男主人公克兰德突然放弃了良好的工作，抛弃美满的家庭，去做流浪画家，至死方休。克兰德的追寻自我有些自私，但这种勇气也是很可贵的。可以把他放弃一切潜心画画看作理想，也可以把画画当作一种意象，这本小说1919年首版，至今依旧畅销，无疑是因为很多人都会面临“在月亮和六便士”之间如何抉择的问题。每个人都有属于自己的“月亮”，那些敢于追寻自我的人都是有着强大精神力量的人，他们不在乎别人怎么看自己。我们会受别人的眼光和评价的影响，归根结底是因为我们把自己看得太重。这种过分重视自己并不是指有多爱自己，而是指过于在乎自己在别人眼里是怎样的形象。你的行为、学历、工作等都是这个形象的一部分，你在意这个形象，所以尽力维持这个形象。活出自我是一件很需要勇气的事情，不敢做自己，更多的不是别人给我们压力，而是自己给自己压力造成的。

初入职场的小张只要在工作上有什么小瑕疵就会很恐慌。工作上，上司只是批评了他一句，他就忍不住开始联想“领导看起来很生气，他是不是对我很不满，我的工作能力太糟糕了”。生活上，他和别人说完话就会开始担忧自己有没有说错什么，变得惴惴不安。小张始终认为自己的一举一动都会被别人看在眼里，渐渐活成了套子里的人，越来越心累。比小张早几年进单位的小王很想辞职创业，但他总会想：如果丢掉“铁饭碗”，朋友会怎么看我，万一失败了，原来的同事会不会嘲笑我，家人会不会失望。在付诸行动之前，这些想法已经吓倒他了，于是小王又退回原地，一边过着不喜欢的生活一边抱怨。

其实，别人并没有小张和小王想象中那么关注他们。

我们常把自己看作一切的中心，并且高估别人对我们的关注程度。这很符合心理学的“人都是以自我为中心的”观点。这种自我中心体现在方方面面，不仅仅局限于外貌，如换了最新款的手机、换了更好的车，总会觉得大家都会留意。心理学家基洛维奇曾经做过这样一个实验，他让康奈尔大学的一名被试换上名牌衣服，并让他估算会有多少人注意到这件衣服。被试猜测至少过半的学生会留意。被试走进教室后，基洛维奇教授进行统计，结果是只有23%的人注意到那件名牌衣服，人数远比猜想中少。我们总是认为别人很关注自己，因此限制自己，变得束手束脚。应如何改变这种现象呢？

（1）学会觉察“别人会怎么看我”这一想法。

（2）当这种想法出现时，试着去分辨是某件物品、某件事情对你带来影响，还是“别人会怎么看我”对你带来影响。

（3）进行练习，当你认为做某件事会出糗时，不妨去做，当你发现别人并没有那么在意的时候，你也就不再那么在意别人的眼光。

别人的看法无论是会加深你的惶恐还是助长你的虚荣心，归根结底都是因为你受到了外界的影响。其实，只需换一种思维方式，这些想法就会慢慢消失。选择遵循内心，做自己，有时候难免会受挫、焦虑或沮丧，不要被这些情绪影响状态，甚至放弃。学会控制负面情绪对自身的影响，会让你更高效，从中得到的收益和精神满足会让你更有动力去坚持自我。正面反馈会提高你的自信程度，越自信内心越强大，自然越不在乎别人的眼光。

传说一个国王出远门前，分别交给三个仆人一锭银子，让他们拿去做生意。国王回来后，第一个仆人赚了十锭银子，第二个仆人赚了五锭银子，第三个仆人没有去做生意，只有国王出发前给的一锭银子。国王说："凡有的，还要加倍给他，叫他多余；没有的，连他所有的都要夺过来。"他赏赐了十座城给第一个仆人，第二个仆人得到了五座城，第三个仆人的一锭银子被国王赏赐给了第一个仆人。这是强者越强，弱者越弱的现象。放到内心世界也如是。从你没那么在意别人怎么评价的那一刻开始，别人的看法就越来越无法影响你，感受到真正的自由之后，你会努力让自己变得更好，以保持这种自由。

后 记

到此，本书的正文部分也就结束了。它出版在我30岁这一年，好像有点晚，又好像不太晚。

几年前，我陷入低谷，写作是为数不多能够让我开心的事情，因为它是一种和内心的对话。渐渐地，我开始结合自身经历进行思考：心理健康和不健康固然有其标准，但是在生活中也许每个人都会有迷茫、悲伤的时刻，也会有感觉被困住的时候，对有些当事人而言，好像还不至于去找心理咨询师，可是也不知道该如何摆脱，那该怎么办？

寻找这个问题的答案就是我写这本书的初衷。为此，我尽可能地把大家有较大概率遇到的困扰列出来，独立成篇，从心理学的角度来解释为什么会这样，同样也从心理学的角度给出“应该如何改善现状”的具体步骤。

如果书里的某篇文章正好讲到让你困惑已久的事情，希望我的文字能够给你带来帮助。当然，在有必要的时候寻求专业帮助是最好的选择，不必讳疾忌医。

至于出书的过程，其实并不是一帆风顺的，其中有因为写不出来而掉眼泪的时刻，也有不得不换出版社的经历，所幸在此过程中得到了很多帮助。除了要感谢把我的稿子带上出版社选题会的编辑冯运，以及在专业上给予我很大帮助的蒋央索南，还有中途给予我很多支持的朋友Tony、Vita、Jenny、高攀，在此就不一一列举了。

谢谢你买了这本书，如果想和我聊聊，欢迎来微博找我：夏仰Cy。

图书在版编目(CIP)数据

与我们内心的冲突和解 / 夏仰著.—北京：中国法制出版社，2021.10

ISBN 978-7-5216-2147-1

Ⅰ.①与… Ⅱ.①夏… Ⅲ.①心理学–通俗读物 Ⅳ.①B84-49

中国版本图书馆CIP数据核字（2021）第176059号

策划编辑：冯　运

责任编辑：李　佳　　　　封面设计：汪要军

与我们内心的冲突和解

YU WOMEN NEIXIN DE CHONGTU HEJIE

著者 / 夏　仰

经销 / 新华书店

印刷 / 三河市国英印务有限公司

开本 / 880毫米×1230毫米　32开　　　　印张 / 7.5　字数 / 110千

版次 / 2021年10月第1版　　　　2021年10月第1次印刷

中国法制出版社出版

书号ISBN 978-7-5216-2147-1　　　　定价：39.80元

北京市西城区西便门西里甲16号西便门办公区

邮政编码：100053　　　　传真：010-63141852

网址：http://www.zgfzs.com　　　　**编辑部电话：010-63141832**

市场营销部电话：010-63141612　　　　**印务部电话：010-63141606**

（如有印装质量问题，请与本社印务部联系。）